图书在版编目(CIP)数据

中国人群环境暴露行为模式研究报告. 儿童卷/环境保护部编著. —北京：中国环境出版社，2016.8

ISBN 978-7-5111-2756-3

Ⅰ. ①中… Ⅱ. ①环… Ⅲ. ①环境影响—儿童—健康—研究报告—中国 Ⅳ. ①X503.1

中国版本图书馆 CIP 数据核字（2016）第 068607 号

出 版 人 王新程
责任编辑 孟亚莉
责任校对 尹 芳
封面设计 彭 杉

出版发行 中国环境出版社
（100062 北京市东城区广渠门内大街 16 号）
网 址：http://www.cesp.com.cn
电子邮箱：bjgl@cesp.com.cn
联系电话：010-67112765（编辑管理部）
010-67112735（中国环境出版社第一分社）
发行热线：010-67125803，010-67113405（传真）

印 刷 北京盛通印刷股份有限公司
经 销 各地新华书店
版 次 2016 年 8 月第 1 版
印 次 2016 年 8 月第 1 次印刷
开 本 787×1092 1/16
印 张 5.5
字 数 100 千字
定 价 45.00 元

组织实施

组织领导 环境保护部

技术执行 中国环境科学研究院

中国疾病预防控制中心营养与食品安全研究所

北京师范大学

北京科技大学

环境基准与风险评估国家重点实验室

编委会

编写组

主　编　赵秀阁　段小丽

副主编　王贝贝　赵丽云　程红光　曹素珍

成　员（按笔画排序）

于冬梅　马　瑾　王丹洁　王先良　王　寻　王红梅
王宗爽　王海燕　王菲菲　刘　平　刘新成　朱忠军
许人骥　许晓丽　闫芳芳　闫振广　张文杰　张　倩
张霖琳　李天昕　李　琴　杨立新　邹　滨　陈子易
陈奕汀　房玥辉　范德龙　郑婵娟　俞　丹　姜　勇
胡小琪　聂　静　郭齐雅　钱　岩　黄　楠　董　婷
韩　斌　颜增光　魏永杰

技术顾问（按笔画排序）

于云江　王五一　王建生　王金南　白志鹏　吕岩玉
孙承业　许秋瑾　许振成　吴丰昌　宋永会　张金良
张寅平　李发生　杨功焕　陈秉衡　陈育德　孟　伟
林春野　武雪芳　郑丙辉　金水高　徐东群　柴发合
郭新彪　陶　澍　曾　光　谢晓华　阚海东　潘小川
颜崇淮　魏复盛

Dongchun Shin　Jacqueline Moya　Jae-Yeon Jang
Junfeng（Jim）Zhang　Kai Zhang　Chunrong Jia
Kirk Smith　Michael Dellarco

摘要

为了解我国儿童环境暴露行为特点，获取儿童暴露参数，提高儿童环境健康风险评价的科学性，根据《国家环境保护“十二五”环境与健康工作规划》，环境保护部于2013—2014年组织完成了儿童环境暴露行为模式研究，形成了《中国人群环境暴露行为模式研究报告（儿童卷）》。

一、基本情况

本研究采用多阶段分层整群随机抽样，选取了我国30个省、自治区、直辖市的55个县/区、165个乡镇/街道和316所学校的0～17岁儿童[①]共75 519人作为调查对象，采用问卷调查和现场测量相结合的方式，调查了儿童与环境介质相关的暴露特征、与污染源相关的暴露特征、与环境健康风险相关的暴露特征，系统分析了我国儿童环境暴露行为模式特点及影响因素，获得了能够反映我国儿童特征的暴露参数。

①根据联合国《儿童权利公约》，“儿童”指18岁以下的人。本研究中“儿童”采用这一定义。

二、主要结果

（一）**我国儿童环境暴露行为模式存在明显的年龄、性别、城乡和地区差异**。以空气暴露为例，我国儿童室外空气综合暴露系数 3 岁前随年龄增长而增加，入学后呈逐年下降趋势；同年龄段男童室外空气综合暴露系数高于女童，城市儿童低于农村儿童，东北地区儿童低于其他地区儿童。

（二）**我国儿童环境暴露行为模式与成人存在较大差异**。我国儿童室内空气综合暴露系数是我国成人的 1.1 ~ 2.5 倍，水经皮肤综合暴露系数是成人的 1.6 ~ 3.5 倍，6 月 ~ 5 岁儿童的室外空气综合暴露系数是成人的 1.1 ~ 1.5 倍，3 ~ 17 岁儿童的饮水综合暴露系数是成人的 1.2 ~ 2.7 倍。

（三）**我国儿童环境暴露行为模式与国外同年龄段儿童存在较大差异**。我国儿童室外空气综合暴露系数和饮水综合暴露系数分别是美国同年龄段儿童的 1.1 ~ 3.0 倍和 2.5 ~ 3.5 倍；水经皮肤综合暴露系数和土壤经皮肤综合暴露系数分别是美国同年龄段儿童的 40% ~ 70%和 10% ~ 20%。

（四）**我国儿童面临传统型和现代型环境健康风险的双重压力**。本次调查的儿童中，有 26.8%暴露于固体燃料做饭或取暖带来的室内空气污染，12.7%饮用未经基础卫生设施集中处理的地下水、地表水或窖水，13.6%主要活动场所周边 1 km 范围内有石油、石化、炼焦等环境健康高风险企业，14.6%主要活动场所周边 50 m 范围内有交通干道。

（五）**我国儿童环境健康风险相关的暴露及防范行为与抚养人的文化程度密切相关**。家庭经济水平、抚养人文化程度越高，儿童烹调油烟暴露时间和二手烟暴露时间就越短，进食前洗手的人数比例就越高。

三、建议

（一）**在环境健康风险评价中应优先使用我国儿童暴露参数**。在污染场地等环境健康风险评估工作中，依据敏感人群及污染物的主要健康效应，有针对性地使用暴露参数，以提高评估结果的准确性，为研究制定更加科学的环境管理对策与措施提供依据。

（二）**根据儿童环境暴露行为模式特点采取有针对性的健康风险防范措施**。针对现代型环境健康风险，需加强对儿童日常生活环境的监测，将环境健康风险评价结果作为优化环境功能区划的重要依据。针对传统型环境健康风险，继续推进农村清洁能源发展，加强安全饮用水的保障。加强宣传教育力度，提高儿童及其抚养人的环境与健康素养。

（三）**加强暴露评价相关的基础调查和科学研究**。研究制定暴露调查和评价技术方法标准，开发适用于我国人群的暴露评价模型，鼓励各地开展具有地区代表性的暴露评价基础数据调查。研究适用于我国人群的呼吸量、皮肤表面积等生理参数经验公式，进一步提升我国人群暴露参数推导结果的准确性。

目　录

第一章　概　述 1
第一节　目的和意义 1
一、研究背景 1
二、研究目的 2
三、研究意义 2
第二节　调查对象和内容 2
一、调查对象 2
二、调查内容 3
第三节　调查方法 3
一、抽样设计 3
二、现场调查方法 5
三、数据录入与清洗 6
四、统计分析方法 6
五、评价指标 10
第四节　质量控制和质量评价 15
一、质量控制方法 15
二、质量评价 16

第二章 结果与发现 18
第一节 调查对象基本情况 18
第二节 与环境介质相关的暴露特征 22
一、身体特征 22
二、摄入量 24
三、暴露时间 32
四、综合分析 37
第三节 与污染源相关的暴露特征 46
一、与传统型污染相关的暴露特征 46
二、与现代型污染相关的暴露特征 48
三、综合分析 50
第四节 与环境健康风险相关的暴露特征 50
一、与烟气摄入相关的暴露特征 50
二、与经口摄入相关的暴露特征 52
三、与电磁辐射相关的暴露特征 57
四、综合分析 60

第三章 结论与建议 61
一、结论 61
二、局限性 61
三、建议 62

参考文献 63

附录 1 调查点位及样本分布 65
附录 2 调查问卷 68
附录 3 名词术语 77
附录 4 大事记 78

第一章
概　述

第一节　目的和意义

一、研究背景

随着我国城镇化、工业化步伐的加快，环境健康问题日益突出，准确评价环境污染带来的健康风险，有针对性地采取风险防范和管理措施，是环境管理的迫切需求。环境暴露行为模式指人与环境介质或风险因素接触的方式和特征，是环境健康风险评价的关键因子。从 20 世纪末开始，美国环境保护局（Klepeis N E et al.，2001；USEPA，1989、1997、2011）、韩国环境部（Jang J Y et al.，2007）等机构相继开展了本国的环境暴露行为模式研究，发布人群暴露参数手册，但均以成人为主。目前，仅有美国环境保护局针对儿童环境暴露行为特点发布了《儿童暴露参数手册》（USEPA，2002；USEPA，2008）。在该领域，我国长期缺乏全国性和系统性研究，环境健康风险评价中多依赖国外人群暴露参数，但由于种族、社会经济条件和生活习惯等差异，可能导致评价结果不能客观反映我国实际情况。为了解我国人群环境暴露行为特点，提高环境健康风险评价的科学性，根据《关于印发〈国家环境保护"十二五"环境与健康工作规划〉的通知》（环发[2011]105 号），环境保护部科技标准司委托中国环境科学研究院分别于 2011—2012 年、2013—2014 年开展成人和儿童环境暴露行为模式研究，成人环境暴露行为模式研究成果已于 2013 年正式发布（环境保护部，2013a，2013b），本报告为儿童环境暴露行为模式研究结果的总结。

二、研究目的

通过开展我国儿童环境暴露行为模式研究，掌握我国儿童环境暴露行为特点，分析相关影响因素，建立儿童暴露参数数据库，提出有针对性的儿童环境暴露和风险防范对策措施，为提高我国环境健康风险评价的准确性，推进国家构建环境与健康风险评估体系进程提供技术支持。

三、研究意义

该研究探讨了我国儿童环境暴露行为模式特征，为儿童环境健康风险防范提供依据。研究获得的儿童暴露参数提高了我国环境健康风险评价基础数据的完整性，增强了环境健康风险评价的针对性和准确性，在环境基准推导、污染防控优先次序识别、环境影响评估、化学品风险管理和污染场地风险评估等领域有着广泛的应用价值。

第二节　调查对象和内容

一、调查对象

对中华人民共和国境内 30 个省（区、市）的 55 个县/区、165 个乡镇/街道和 316 所学校的 75 519 名 0～17 岁儿童（6 个月以下儿童需出生在调查地，其他调查对象需在调查地居住 6 个月以上）开展了环境暴露行为模式调查，现场调查于 2013 年 10 月至 2014 年 3 月开展，调查点位及样本分布详见附录 1。

二、调查内容

调查内容包括调查对象基本情况、与环境介质相关的暴露特征、与污染源相关的暴露特征、与环境健康风险因素相关的暴露行为特征 4 个方面（表 1-1）。

表 1-1 调查内容

类别	项目	内容
调查对象基本情况	儿童情况	性别、年龄、民族、地区
	家庭情况	家庭经济状况、抚养人的教育程度和职业等基本情况
与环境介质相关的暴露特征	身体特征	身长/身高、体重、皮肤表面积
	摄入量	呼吸量、饮水量、土壤/尘摄入量、饮食摄入量
	暴露时间	与空气、水、土壤/尘相关的暴露时间
与污染源相关的暴露特征	传统型	与室内固体燃料、不安全饮用水和裸露土壤相关的暴露特征
	现代型	与工业企业、交通污染相关的暴露特征
与环境健康风险因素相关的暴露行为特征	烟气暴露	与烹调油烟、二手烟接触相关的暴露特征
	经口摄入	与洗手、手口和物口接触相关的暴露特征
	经电磁辐射	与电子设备接触相关的暴露特征

第三节 调查方法

一、抽样设计

（一）样本量计算

根据最小样本量计算公式（1-1）得出 0～5 岁儿童每层所需样本量为 206 人，6～17 岁儿童每层为 366 人。

$$N=\left(\frac{U_{a/2}\sigma}{r\mu}\right)^2\times\frac{\text{deff}}{1-p} \qquad (1\text{-}1)$$

式中：N——最小样本量；

deff——设计效应值，取 3.0；

$U_{a/2}$——显著性水平为 95%时相应的标准正态差，取 1.96；

σ——标准偏差，0～5 岁和 6～17 岁儿童分别取 240①和 779①；

r——允许误差，取 15%；

μ——总体均数，0～5 岁儿童和 6～17 岁儿童分别取 411①和 1 000①；

p——失访率，取 15%。

本调查分别针对 0～5 岁儿童和 6～17 岁儿童采用多阶段分层整群随机抽样设计获取样本，为保证调查样本具有全国代表性，其中：

0～5 岁儿童以城乡（2 水平）、性别（2 水平）、地区（6 水平：华北、华东、华南、西北、东北、西南，见表 1-2）和年龄（6 水平：0～<1 岁，1～<2 岁，2～<3 岁，3～<4 岁，4～<5 岁，5～<6 岁）为主要分层因素进行分层抽样，需样本 206×144=29 664 人。实际调查 34 051 人，满足调查样本量的要求。

6～17 岁儿童以城乡（2 水平）、性别（2 水平）、地区（6 水平：华北、华东、华南、西北、东北、西南）和年龄（4 水平：6～<9 岁，9～<12 岁，12～<15 岁，15～<18 岁）为主要分层因素进行分层抽样，需样本 366×96=35 136 人。实际调查 41 439 人，满足调查样本量要求。

表 1-2 六大片区的划分情况

地区	省（区、市）
华北	北京市、天津市、河北省、山西省、内蒙古自治区、河南省
华东	上海市、江苏省、浙江省、福建省、山东省、安徽省、江西省
华南	湖北省、湖南省、广东省、广西壮族自治区、海南省
西北	陕西省、甘肃省、青海省、宁夏回族自治区、新疆维吾尔自治区
东北	吉林省、黑龙江省、辽宁省
西南	重庆市、四川省、贵州省、云南省

①根据预调查结果，0～5 岁儿童直接饮水量为（411±240）mL/d，6～17 岁儿童直接饮水量为（1 000±779）mL/d，本调查取该值为最小样本量计算标识对 0～5 岁和 6～17 岁儿童最小样本量分别进行计算。

（二）抽样步骤和方法

本调查在“中国居民营养与健康状况监测系统”的 55 个监测点上开展，调查对象分为 0～5 岁儿童和 6～17 岁儿童两类人群，统一采用多阶段分层整群随机抽样。抽样方案如下：

1．0～5 岁儿童抽样步骤

第一阶段：将全国所有县级行政单位（包括县、县级市、区）分为 4 层：大城市、中小城市、非贫困县、贫困县，从每层中分别抽取 12、15、18 和 10 个区县，共计 55 个区县；

第二阶段：在抽中的调查区县中，采用简单随机抽样方法，随机抽取 3 个乡镇/街道；

第三阶段：在抽中的乡镇/街道中，从全部符合调查要求的儿童中抽取至少 630 名 0～5 岁的儿童进行调查。

2．6～17 岁儿童抽样步骤

第一阶段：同 0～5 岁区县抽样；

第二阶段：在抽中的调查区县中，采用简单随机抽样方法，随机抽取 2 所小学、2 所初中、1 所高中和 1 所中专/职业高中；

第三阶段：在每所抽中的学校中，抽取除高三年级外的所有年级；

第四阶段：在每个抽中的年级中，随机抽取 2～3 个班，确保抽取至少 70 名调查对象。

二、现场调查方法

现场调查采用问卷调查和现场测量（半定量和定量）相结合的方式。

（一）问卷调查

采用自行设计的问卷，由经过严格培训的调查员采用一对一、面对面询问的方式进行调查，9 岁以下儿童，问卷内容由儿童抚养人回答；9 岁及以上儿童，问卷内容由儿童本人回答。调查问卷详见附录 2。

（二）现场测量

1. 半定量测量

针对饮水量和饮食量，由调查员出示标准调查量具（0～5 岁儿童为 250 mL 标准杯和标准碗，6～17 岁儿童为 300 mL 标准碗和标准杯），估算调查对象的饮水量和饮食量。

2. 定量测量

针对身长/身高和体重，采用统一型号、经计量认证的身长测量计/身高计和体重秤，按照规范的方法进行测量。

三、数据录入与清洗

本次调查数据由各调查点采取双录入方式进行录入，由各省级调查组汇总上报。中国环境科学研究院编制数据清洗计划书，采用 SAS 9.3 软件，以省、县/区、城乡、性别和年龄等为关键变量，对每个变量的缺失值进行标记和分析，剔除逻辑错误和非法值。

四、统计分析方法

（一）数据加权调整方法

由于本次调查采用多阶段分层整群随机抽样设计，为得出具有全国代表性的总体参数估计值，基于全国儿童的年龄和性别构成对调查样本进行了事后加权调整，样本权重包括基础抽样权重和事后分层调整权重两类。

1. 基础抽样权重

（1）0～5 岁儿童

依次计算各阶段的抽样权重（表 1-3），将其乘积作为基础抽样权重（W_s），见公式（1-2）。

表 1-3　0～5 岁儿童各阶段所属样本的入样概率和抽样权重

抽样对象	抽样方法	入样概率	抽样权重	备注
监测点区/县*	采用简单随机抽样	$\frac{m_i}{M_i}$	$\frac{M_i}{m_i}$	M_i 为第 i 层中的县/区个数；m_i 为第 i 层中抽取的样本县/区数
调查乡镇/街道	采用简单随机抽样方法，随机抽取 3 个样本乡镇/街道	$\frac{3}{n_x}$	$\frac{n_x}{3}$	n_x 为监测点区/县的乡镇/街道数
调查对象个体	采用简单随机抽样从各乡镇/街道中抽取 630 名 0～5 岁儿童	$\frac{A}{n_q}$	$\frac{n_q}{A}$	A 为抽中的儿童数；n_q 为样本乡镇/街道中 0～5 岁儿童总数

*监测点区县抽样权重与“中国居民营养与健康状况监测系统”一致。

$$W_s = \frac{M_i}{m_i} \times \frac{n_x}{3} \times \frac{n_q}{A} \tag{1-2}$$

（2）6～17 岁儿童

依次计算各阶段的抽样权重（表 1-4），将其乘积作为基础抽样权重（W_s），见公式（1-3）。

表 1-4　6～17 岁儿童各阶段所属样本的入样概率和抽样权重

抽样对象	抽样方法	入样概率	抽样权重	备注
调查区/县*	采用简单随机抽样	$\frac{m_i}{M_i}$	$\frac{M_i}{m_i}$	M_i 为第 i 层中的县/区个数；m_i 为第 i 层中抽取的样本县区/数
调查学校	采用随机抽样方法从样本区县中的小学、初中和高中/职高/中专中各抽取 2 所	$\frac{A}{n_x}$	$\frac{n_x}{A}$	A 为实际抽中的学校数；n_x 为监测点区/县该类学校总数
调查年级	以班级为整群，以年级为分层，每个年级抽取 B 个班，抽中班级学生全部参加调查	$\frac{B}{n_y}$	$\frac{n_y}{B}$	B 为各年级实际抽中的班级数，n_y 为各年级的班级数

*监测点区县抽样权重与“中国居民营养与健康状况监测系统”一致。

$$W_s = \frac{M_i}{m_i} \times \frac{n_x}{A} \times \frac{n_y}{B} \tag{1-3}$$

2. 事后分层权重

为保证调查样本在地区、城乡、性别、年龄等重要影响因素方面具有全国代表性，本次调查针对片区（华北、华东、华南、西北、东北和西南）、城乡（城市、农村）、性别（男、女）、年龄（0～<1 岁，1～<2 岁，2～<3 岁，3～<4 岁，4～<5 岁，5～<6 岁，6～<9 岁，9～<12 岁，12～<15 岁和 15～<18 岁），以 2010 年全国人口普查数据的性别、年龄结构为依据，进行了事后分层权重调整，见公式（1-4）。

$$W_{\text{ps}} = \frac{F_j}{f_j} \tag{1-4}$$

式中：W_{ps}——事后分层权重；

f_j——调查样本第 j 层抽样权重之和；

F_j——第 j 层的 2010 年全国人口数。

3. 样本最终权重

$$W_{\text{final}}=W_s \times W_{\text{ps}} \tag{1-5}$$

式中：W_{final}—— 样本最终权重；

W_s—— 基础抽样权重；

W_{ps}—— 事后分层权重。

（二）儿童年龄段

参考儿童生长发育特征研究结果（刘湘云等，2011），结合我国儿童环境暴露行为模式研究需要，本报告中儿童的年龄段划分如下（表 1-5）。

表 1-5 0～17 岁儿童生理和行为特征

年龄段	生理特征	行为特征
0～<3 月	生长发育快速期：体重增长速度最快，每月增加 1 000～1 200 g，身长每月增长约 4 cm，体脂肪迅速增加，皮肤渗透性强	基本不饮水，摄入母乳或其他乳类，睡眠总量约 20 h/d，以静态活动为主
3～<6 月	生长发育快速期：体重每月增加 500～600 g，身长每月增长约 2 cm，体脂肪持续增加	摄入母乳或其他乳类，能抬头和自由转头，能从仰卧位翻身至俯卧位。存在手口接触行为，睡眠总量约 17 h/d，以静态活动为主，户外活动开始增加

<table>
<tr><th>年龄段</th><th>生理特征</th><th>行为特征</th></tr>
<tr><td>6～<9月</td><td>生长发育快速期：体重每月增加 250～300 g，身长每月增长约 1 cm，体脂肪持续增加，乳牙萌出</td><td>逐渐添加辅食，开始有手口、物口接触行为，能独坐，会灵活翻身，能伸手拿较远处物体，可将物体从一只手转换到另一只手。睡眠总量约 16 h/d</td></tr>
<tr><td>9月～<1岁</td><td>生长发育快速期：体重每月增加 200～250 g，身长每月增长约 1 cm，头部的生长速度减慢，腿部和躯干生长速度加快</td><td>手口、物口接触行为增加。独坐稳，爬行使接触地面活动增加，可用拇指食指拿起小物体。睡眠总量约 15 h/d</td></tr>
<tr><td>1～<2岁</td><td>进入幼儿期，体格生长速度较婴儿期缓慢，体重增长 2～2.5 kg，身长增长 11～12 cm。咀嚼和消化能力较差</td><td>摄入的食物品种基本与成人一致，乳类摄入逐渐减少。动作能力快速发展，独自站立行走，活动范围扩大，呼吸区域更大，活动强度增大。精细动作渐趋准确，学会用匙，乱涂画，能搭 2～3 块积木。睡眠总量 13～14 h/d</td></tr>
<tr><td>2～<3岁</td><td>生长速度急剧下降，体重增长 1.5～2 kg，身长平均增长 7 cm。头部生长速度减慢，乳牙出齐。腿部和躯干生长速度加快</td><td>独立行走稳，能跑，并足跳跃，活动范围增大，运动量增加，用匙进食，会几页、几页地翻书，能搭 6～7 块积木，手眼协调增强。睡眠总量约 12 h/d</td></tr>
<tr><td>3～<4岁</td><td>发育速度减慢，体重年增长值约为 2 kg，身高年增长值约为 7 cm</td><td rowspan="3">大部分儿童开始进入托幼机构参加集体生活，智力、语言和动作等发育较快。有了规律的交通出行活动时间，生活基本能够自理，膳食种类和烹调方法已基本和成人接近。以游戏为主导活动形式，能快步奔跑，活动量增大。睡眠总量 11～12 h/d</td></tr>
<tr><td>4～<5岁</td><td>体重年增长值约为 2kg，身高年增长值约为 7cm，脂肪会进一步下降，上下肢更加苗条，上身狭窄成锥形，精力非常充沛，活动量很大</td></tr>
<tr><td>5～<6岁</td><td>体重年增长值约 2 kg，身高年增长值约 7 cm，身高增长速度稍快，体重增长相对较慢</td></tr>
<tr><td>6～<9岁</td><td>生长速度平稳。体重年增长值约 2 kg，身高年增长值约 7 cm，乳牙开始脱落换恒牙</td><td>从幼儿园或家庭进入小学，以学习为主导活动，手口和物口行为有所减少。参加体育课和课外体育活动。睡眠总量 9～10 h</td></tr>
<tr><td>9～<12岁</td><td>女童进入青春发育初期，生殖系统发育加速，生长突增，体重年增长 4～5 kg，持续 2～3 年，身高增长高峰时期女童平均增加 8 cm</td><td>脑的形态结构发育基本完成，智能发育进展较快。手口及物口接触行为均减少</td></tr>
</table>

年龄段	生理特征	行为特征
12～<15 岁	男童进入青春发育初期，生长模式与女童基本一致，身高增长高峰时年增长值约为 9 cm。生殖系统发育加速，肺活量不断增大，肝脏对有毒化学物质比较敏感，解毒能力差，但再生能力强。肾脏功能逐渐成熟	全部乳牙更换为恒牙，饮食摄入量再次增加，个体独立性增加，情绪的稳定性和调控能力增强，可能暴露于工作环境中
15～<18 岁	进入青春发育中、后期，生长速度减慢，直到高身停止生长，生殖系统发育加速并趋于成熟，其他主要脏器发育趋于成熟，生理机能增强	饮食摄入量持续增加，生活范围和活动内容逐渐复杂化

（三）统计分析方法与结果表达

采用 SAS 9.3 软件进行统计分析，对于分类指标主要采用率或构成比进行统计描述；数值指标采用算数平均值对平均水平进行统计描述。各参数的 P5、P25、P50、P75 和 P95 详见《中国人群暴露参数手册（儿童卷：0～5 岁）》和《中国人群暴露参数手册（儿童卷：6～17 岁）》。

本报告中摄入量（除呼吸量）和暴露时间参数保留整数；率和百分比保留小数点后 1 位（100%除外）；体重和呼吸量保留小数点后 1 位；皮肤表面积保留小数点后 2 位；综合暴露系数保留小数点后 3 位。

五、评价指标

（一）与环境介质相关的暴露特征评价指标

与环境介质相关的暴露特征评价指标见表 1-6。

表 1-6 与环境介质相关的暴露特征评价指标

	空气	水	土壤/尘
身体特征	身长/身高、体重、皮肤表面积		
摄入量	呼吸量	饮水量	土壤/尘摄入量①
暴露时间	室外活动时间 室内活动时间 交通出行时间	洗澡时间 游泳时间	土壤/尘接触时间 手口接触时间及频率 物口接触时间及频率
综合暴露系数	室外空气综合暴露系数 室内空气综合暴露系数	饮水综合暴露系数 水经皮肤综合暴露系数	土壤经皮肤综合暴露系数 土壤经口综合暴露系数

1. 皮肤表面积（Body Surface Area，SA）

$$SA=a_0\times H^{a_1}\times W^{a_2} \tag{1-6}$$

式中：SA——皮肤表面积，m^2；

H——身高，cm；

W——体重，kg。

a_0、a_1、a_2 取值如表 1-7 所示。

表 1-7 儿童体表面积系数取值*

年龄	a_0	a_1	a_2
0～<5 岁	0.026 67	0.382 17	0.539 37
5～<18 岁	0.030 50	0.351 29	0.543 75

*USEPA，2008。

2. 呼吸量（Inhalation Rates，IR）

$$IR_L=BMR\times H\times VQ\times A \tag{1-7}$$

式中：IR_L——长期呼吸量，L/d；

①土壤/尘摄入量数据来源于环保公益性行业科研专项“环境健康风险评价中的儿童土壤摄入率及相关暴露参数研究”（201309044）的研究成果。该研究以湖北、甘肃和广东的 240 名 3～17 岁儿童为研究对象，采用元素示踪法实测儿童的土壤/尘摄入量。

BMR——基础代谢率（Basal Metabolic Rate），kJ/d；

H——单位能量代谢耗氧量（Oxygen Uptake），0.05 L O_2/kJ（USEPA，2008）；

VQ——通气当量（Ventilation Equivalent），量纲为 1，取 27（USEPA，2008）；

A——呼吸量计算系数，不同性别年龄段儿童呼吸量计算系数取值见表 1-8。

基础代谢是维持机体生命活动最基本的能量消耗，相当于平躺休息时的活动强度水平，不同性别年龄段儿童基础代谢率的计算公式见表 1-9。

表 1-8　不同性别年龄儿童呼吸量计算系数取值*

性别	年龄	呼吸量计算系数（*A*）
合计	0～<1 岁	1.9
	1～<3 岁	1.6
	3～<6 岁	1.7
	6～<18 岁	1.7
男	9～<12 岁	1.9
	12～<15 岁	1.8
	15～<18 岁	1.7
女	9～<12 岁	1.9
	12～<15 岁	1.6
	15～<18 岁	1.5

*USEPA，2008。

表 1-9　不同性别年龄儿童基础代谢率计算公式*

性别	年龄	儿童基础代谢率计算公式（BMR）
男	0～<3 岁	0.249×BW−0.127
	3～<10 岁	0.095×BW+2.110
	10～<18 岁	0.074×BW+2.754
女	0～<3 岁	0.244×BW−0.130
	3～<10 岁	0.085×BW+2.033
	10～<18 岁	0.056×BW+2.898

*USEPA. 2008；BW—体重，kg。

3. 综合暴露系数

综合暴露系数为单位体重介质摄入量与介质暴露概率的乘积，反映人与某环境介质综合暴露行为模式特征的系数（环境保护部，2013a）。按暴露的介质类别可分为室外空气综合暴露系数、室内空气综合暴露系数、饮水综合暴露系数、水经皮肤综合暴露系数、土壤经皮肤综合暴露系数和土壤经口综合暴露系数。各综合暴露系数的计算公式见表 1-10。

表 1-10 综合暴露系数计算公式

介质	综合暴露系数	计算公式	定义
空气	室内空气/[m³/（kg·d）]	$\frac{IR_{air} \times T_{inair}}{BW \times 1\,440}$	IR_{air}——呼吸量，m^3/d； T_{inair}——室内活动时间，min/d； BW——体重，kg
	室外空气/[m³/（kg·d）]	$\frac{IR_{air} \times T_{outair}}{BW \times 1\,440}$	T_{outair}——室外活动时间，min/d
水	饮水/[L/（kg·d）]	$\frac{IR_{water}}{BW \times 1\,000}$	IR_{water}——饮水量，mL/d
	水经皮肤/[L/（kg·d）]	$\frac{SA \times T_{SW}}{BW \times 60}$	T_{SW}——与水接触时间，为洗澡和游泳时间之和，min/d； SA——皮肤总表面积，m^2
土壤	土壤经皮肤/[g/（kg·d）]	$\frac{SA \times T_{SS}}{BW \times 1\,440}$	T_{SS}——与土壤接触时间，min/d
	土壤经口/[g/（kg·d）]	$\frac{IR_{soil}}{BW \times 1\,000}$	IR_{soil}——土壤/尘摄入量，mg/d

注：表中的 1 000、1 440、60 为单位换算常数。

（二）与污染源相关的暴露特征

与污染源相关的暴露特征评价指标见表 1-11。

表 1-11　与污染源相关的暴露特征评价指标

污染源		评价指标
传统型	室内固体燃料燃烧	儿童暴露于使用煤和生物质燃料（柴草、炭、木头、动物粪便）等取暖或做饭的室内环境的人数比例
	饮/用水暴露	儿童直接饮用未经基础卫生设施集中处理的地表水、地下水及窖水的人数比例； 儿童直接在地表水体中洗澡或游泳的人数比例
	裸露土壤接触	儿童户外经常活动/玩耍的地面类型为裸露土壤的人数比例
现代型	工业企业污染	儿童经常居住/活动/玩耍的场所周边 1 km 范围内有 7 类*重点关注排污工业企业的人数比例
	交通污染	儿童经常居住/活动/玩耍场所周边 50 m 范围内有高速公路、国道和省道 3 类公路的人数比例

*指 7 类重点关注的排污工业企业（环境保护部，2011）：①石油、石化、炼焦和焦化类企业；②有色金属冶炼或再生类企业；③有机酸碱、肥料、农药制造类企业；④皮革、毛皮、羽毛及其制品和制鞋类企业；⑤造纸类、印染类企业；⑥垃圾焚烧厂；⑦火力发电厂。

（三）与环境健康风险相关的暴露特征

环境健康风险相关的暴露行为涉及范围较广，由于时间经费所限，本次探索性地调查了以下暴露特征（表 1-12）。

表 1-12　与环境健康风险相关暴露特征的评价指标

健康风险	评价指标
与烟气暴露相关	厨房油烟接触时间 二手烟接触时间
与经口摄入相关	进食前经常洗手的人数比例 儿童手口接触人数比例、接触时间、接触频率 儿童物口接触人数比例、接触时间、接触频率
与电磁辐射相关	儿童接触电子设备的人数比例 儿童接触电子设备时间

第四节 质量控制和质量评价

一、质量控制方法

本次调查制定了统一的质量控制方案，建立了由国家、省和县/区三级组成的质量控制网络，对调查各关键环节实施严格的质量控制。

（一）现场调查前期的质量控制

（1）方案修订：参考国内外相关调查方案与问卷，通过多次专家咨询、论证及现场预调查，最终确定调查方案与调查问卷。

（2）技术培训：针对问卷调查和数据录入分别开展培训。培训均采用国家和省两级培训方式，由国家级师资对省和调查点的技术骨干进行国家级技术培训，各省按照国家级培训方案，结合实际对所有参与人员进行省级培训。培训过程中进行实习和现场考核，所有参加调查的组织者、质控员、督导员和调查员必须参加培训且考核合格，方能参加调查工作。

（3）物资准备：为各级调查机构统一提供调查工作手册、调查问卷、调查所用标准量具（标准杯和标准碗）和测量工具（身长测量计/身高计和体重秤）。

（4）预调查：为了验证调查问卷的科学性和可操作性以及影响调查质量的关键技术环节，在现场调查正式开展前，分别对0～5岁和6～17岁儿童开展预调查，对发现的问题进行了调整和完善。

（二）现场调查阶段的质量控制

（1）三级督导：制定国家级督导方案，派国家级督导员到各省第一个启动的调查点和部分现场实施阶段调查点进行调研、指导，派出督导员近40人次。省质量控制工作组派省级督导员到各调查点进行现场督导，调查点设专人负责现场调查质量。

（2）询问调查：询问调查的质量控制措施包括问卷调查员自查、调查点质量控制员现场复查、国家级和省级督导员抽样核查等措施，问卷合格率 90%以上，漏项率、逻辑错误率和填写不清率均低于 10%。

（3）身体测量：身高（长）和体重要求由两名测量员完成，国家级和省督导员分别抽取一定比例的调查对象进行复核，体重差值不超过 0.2 kg，身高（长）差值不超过 1 cm。

（三）现场调查后的质量控制

（1）数据录入：各调查培训合格的数据录入员采用统一的录入软件对数据进行双录入，省级项目工作组负责数据库审核。中国环境科学研究院预先制定数据审核方案，按调查点对数据库进行核查。

（2）数据清洗与分析：中国环境科学研究院制定数据清洗与分析方案，分两组独立进行数据清洗和分析。

二、质量评价

（1）应答率：调查对象的应答率为 97.2%；经过对关键变量的逐一核查，关键变量的应答率均在 80%以上。

（2）回收率：本次调查采用调查员一对一、面对面询问的方式，共发放问卷 75 519 份，问卷回收率为 100%。

（3）有效率：在回收的 75 519 份问卷中，以省、县/区、城乡、性别和年龄作为关键变量进行数据清理，最终用于分析的样本数为 75 490 例，问卷有效率为 99.96%。

（4）询问调查：省级和国家级分别抽查问卷 10 102 份和 340 份，抽查结果见表 1-13。

表 1-13　调查表填写质量控制检查结果

	监测点数/个	调查表份数/份	漏项/%	逻辑错误/%	填写不清/%
省级	55	10 102	9.1	9.2	4.5
国家级	23	340	7.1	6.8	5.9

（5）身体测量：省级和国家级分别抽查 115 名和 55 名儿童的身高/身长、体重，抽查结果见表 1-14。

表 1-14 身高、体重质量控制结果

	身高抽查人数/人	身高质控合格率/%	体重抽查人数/人	体重质控合格率/%
省级	115	91.1	130	98.9
国家级	55	97.1	100	100

第二章

结果与发现

第一节 调查对象基本情况

调查获得有效样本 75 490 人，样本性别、年龄、城乡和地区分布和构成见表 2-1 和表 2-2，儿童家庭经济水平见表 2-3，儿童抚养人文化程度构成见表 2-4。

表 2-1 样本年龄、性别、城乡和地区分布 单位：人

分类		合计	城乡		地区					
			城市	农村	华北	华东	华南	西北	东北	西南
合计	小计	75 490	38 503	36 987	15 113	19 618	13 410	9 523	7 000	10 826
	男	37 675	19 024	18 651	7 555	9 797	6 694	4 780	3 345	5 504
	女	37 815	19 479	18 336	7 558	9 821	6 716	4 743	3 655	5 322
0～<3 月	小计	2 165	1 077	1 088	456	609	357	298	158	287
	男	1 098	532	566	227	300	186	153	84	148
	女	1 067	545	522	229	309	171	145	74	139
3～<6 月	小计	2 273	1 264	1 009	452	589	423	270	237	302
	男	1 168	653	515	239	321	200	140	114	154
	女	1 105	611	494	213	268	223	130	123	148
6～<9 月	小计	2 773	1 514	1 259	602	696	501	345	267	362
	男	1 439	762	677	327	370	253	171	138	180
	女	1 334	752	582	275	326	248	174	129	182
9 月～<1 岁	小计	1 921	878	1 043	385	520	342	252	158	264
	男	957	438	519	189	271	168	115	86	128
	女	964	440	524	196	249	174	137	72	136

分类		合计	城乡		地区					
			城市	农村	华北	华东	华南	西北	东北	西南
1～<2 岁	小计	5 668	2 701	2 967	1 069	1 420	1 084	759	530	806
	男	2 969	1 357	1 612	579	725	582	387	267	429
	女	2 699	1 344	1 355	490	695	502	372	263	377
2～<3 岁	小计	4 777	2 351	2 426	993	1 185	829	577	480	713
	男	2 503	1 210	1 293	513	599	434	317	252	388
	女	2 274	1 141	1 133	480	586	395	260	228	325
3～<4 岁	小计	4 907	2 463	2 444	975	1 203	924	681	442	682
	男	2 565	1 258	1 307	520	622	484	354	217	368
	女	2 342	1 205	1 137	455	581	440	327	225	314
4～<5 岁	小计	4 807	2 460	2 347	972	1 259	788	633	455	700
	男	2 508	1 289	1 219	490	664	444	330	226	354
	女	2 299	1 171	1 128	482	595	344	303	229	346
5～<6 岁	小计	4 760	2 468	2 292	976	1 242	816	646	422	658
	男	2 452	1 261	1 191	500	642	413	348	222	327
	女	2 308	1 207	1 101	476	600	403	298	200	331
6～<9 岁	小计	9 622	5 127	4 495	2 030	2 614	1 550	1 107	905	1 416
	男	4 661	2 475	2 186	991	1 280	747	541	418	684
	女	4 961	2 652	2 309	1 039	1 334	803	566	487	732
9～<12 岁	小计	11 208	5 915	5 293	2 296	2 963	1 977	1 267	1 097	1 608
	男	5 459	2 908	2 551	1 054	1 495	985	616	518	791
	女	5 749	3 007	2 742	1 242	1 468	992	651	579	817
12～<15 岁	小计	10 751	5 563	5 188	2 014	2 864	2 003	1 325	1 035	1 510
	男	5 197	2 682	2 515	984	1 368	949	677	467	752
	女	5 554	2 881	2 673	1 030	1 496	1 054	648	568	758
15～<18 岁	小计	9 858	4 722	5 136	1 893	2 454	1 816	1 363	814	1 518
	男	4 699	2 199	2 500	942	1 140	849	631	336	801
	女	5 159	2 523	2 636	951	1 314	967	732	478	717

表 2-2　样本年龄、性别、城乡和地区构成　　　　单位：%

分类		合计	城乡		地区					
			城市	农村	华北	华东	华南	西北	东北	西南
合计	小计	100	51.0	49.0	20.0	26.0	17.8	12.6	9.3	14.3
	男	100	50.5	49.5	20.1	26.0	17.8	12.7	8.9	14.6
	女	100	51.5	48.5	20.0	26.0	17.8	12.5	9.7	14.1
0～<3 月	小计	100	49.7	50.3	21.1	28.1	16.5	13.8	7.3	13.3
	男	100	48.5	51.5	20.7	27.3	16.9	13.9	7.7	13.5
	女	100	51.1	48.9	21.5	29.0	16.0	13.6	6.9	13.0
3～<6 月	小计	100	55.6	44.4	19.9	25.9	18.6	11.9	10.4	13.3
	男	100	55.9	44.1	20.5	27.5	17.1	12.0	9.8	13.2
	女	100	55.3	44.7	19.3	24.3	20.2	11.8	11.1	13.4
6～<9 月	小计	100	54.6	45.4	21.7	25.1	18.1	12.4	9.6	13.1
	男	100	53.0	47.0	22.7	25.7	17.6	11.9	9.6	12.5
	女	100	56.4	43.6	20.6	24.4	18.6	13.0	9.7	13.6
9 月～<1 岁	小计	100	45.7	54.3	20.0	27.1	17.8	13.1	8.2	13.7
	男	100	45.8	54.2	19.7	28.3	17.6	12.0	9.0	13.4
	女	100	45.6	54.4	20.3	25.8	18.0	14.2	7.5	14.1
1～<2 岁	小计	100	47.7	52.3	18.9	25.1	19.1	13.4	9.4	14.2
	男	100	45.7	54.3	19.5	24.4	19.6	13.0	9.0	14.4
	女	100	49.8	50.2	18.2	25.8	18.6	13.8	9.7	14.0
2～<3 岁	小计	100	49.2	50.8	20.8	24.8	17.4	12.1	10.0	14.9
	男	100	48.3	51.7	20.5	23.9	17.3	12.7	10.1	15.5
	女	100	50.2	49.8	21.1	25.8	17.4	11.4	10.0	14.3
3～<4 岁	小计	100	50.2	49.8	19.9	24.5	18.8	13.9	9.0	13.9
	男	100	49.0	51.0	20.3	24.2	18.9	13.8	8.5	14.3
	女	100	51.5	48.5	19.4	24.8	18.8	14.0	9.6	13.4
4～<5 岁	小计	100	51.2	48.8	20.2	26.2	16.4	13.2	9.5	14.6
	男	100	51.4	48.6	19.5	26.5	17.7	13.2	9.0	14.1
	女	100	50.9	49.1	21.0	25.9	15.0	13.2	10.0	15.1
5～<6 岁	小计	100	51.8	48.2	20.5	26.1	17.1	13.6	8.9	13.8
	男	100	51.4	48.6	20.4	26.2	16.8	14.2	9.1	13.3
	女	100	52.3	47.7	20.6	26.0	17.5	12.9	8.7	14.3
6～<9 岁	小计	100	53.3	46.7	21.1	27.2	16.1	11.5	9.4	14.7
	男	100	53.1	46.9	21.3	27.5	16.0	11.6	9.0	14.7
	女	100	53.5	46.5	20.9	26.9	16.2	11.4	9.8	14.8

分类		合计	城乡		地区					
			城市	农村	华北	华东	华南	西北	东北	西南
9～<12 岁	小计	100	52.8	47.2	20.5	26.4	17.6	11.3	9.8	14.3
	男	100	53.3	46.7	19.3	27.4	18.0	11.3	9.5	14.5
	女	100	52.3	47.7	21.6	25.5	17.3	11.3	10.1	14.2
12～<15 岁	小计	100	51.7	48.3	18.7	26.6	18.6	12.3	9.6	14.0
	男	100	51.6	48.4	18.9	26.3	18.3	13.0	9.0	14.5
	女	100	51.9	48.1	18.5	26.9	19.0	11.7	10.2	13.6
15～<18 岁	小计	100	47.9	52.1	19.2	24.9	18.4	13.8	8.3	15.4
	男	100	46.8	53.2	20.0	24.3	18.1	13.4	7.2	17.0
	女	100	48.9	51.1	18.4	25.5	18.7	14.2	9.3	13.9

表 2-3 儿童家庭经济水平构成 单位：%

家庭年人均收入/万元	合计	城乡		地区					
		城市	农村	华北	华东	华南	西北	东北	西南
合计	100	100	100	100	100	100	100	100	100
0～<0.5	16.1	9.8	21.8	19.5	6.0	18.2	34.4	6.7	15.9
0.5～<1.0	18.4	13.8	22.7	20.8	13.2	24.2	17.8	20.1	17.5
1.0～<1.5	18.9	15.3	22.1	19.5	19.7	19.5	19.5	18.9	15.1
1.5～<2.0	11.2	10.7	11.7	10.1	15.2	9.5	8.9	11.4	9.8
2.0～<2.5	8.8	10.0	7.7	7.5	12.1	7.2	6.0	9.3	9.0
2.5～<3.0	5.7	7.2	4.2	4.5	7.7	3.8	3.1	7.3	6.9
≥3.0	20.9	33.2	9.8	18.1	26.1	17.6	10.3	26.3	25.8

表 2-4 儿童抚养人文化程度构成 单位：%

分类		合计	城乡		地区					
			城市	农村	华北	华东	华南	西北	东北	西南
文化程度	合计	100	100	100	100	100	100	100	100	100
	小学以下	3.7	2.6	4.9	1.9	3.1	3.0	9.1	1.1	5.2
	小学毕业	14.5	9.3	20.0	10.6	13.0	14.7	22.6	9.7	18.6
	初中毕业	42.9	32.5	53.8	48.7	40.8	43.0	45.0	41.8	37.4
	高中/中专/技校	19.9	24.6	14.9	19.7	22.1	22.1	12.5	18.6	20.5
	大专及以上	19.0	31.0	6.4	19.1	21	17.2	10.8	28.8	18.3

第二节　与环境介质相关的暴露特征

一、身体特征

我国儿童身体特征参数（身长/身高、体重和皮肤表面积）随年龄增长而增加。从性别分布看，同年龄段男童各项身体特征参数高于女童；从城乡分布看，同年龄段城市地区儿童各项身体特征参数高于农村地区；从地区分布看，同年龄段华北、华东和东北地区儿童各项身体特征参数总体高于华南、西北和西南地区（表 2-5、表 2-6 和表 2-7）。

表 2-5　不同性别、城乡、地区和年龄儿童的身长/身高　　单位：cm

年龄	合计	性别		城乡		片区					
		男	女	城市	农村	华北	华东	华南	西北	东北	西南
0～<3 月	59.7	60.9	58.4	60.3	59.3	61.1	59.9	59.3	59.2	59.3	58.6
3～<6 月	66.0	66.9	65.0	66.3	65.8	66.4	66.7	65.4	65.7	66.1	65.4
6～<9 月	70.8	71.5	70.0	71.4	70.3	71.3	71.6	69.9	70.1	71.7	69.9
9 月～<1 岁	74.2	74.8	73.6	74.8	73.8	75.2	74.7	73.4	73.5	75.1	73.2
1～<2 岁	80.9	81.4	80.4	81.7	80.3	81.7	82.3	79.3	80.3	81.1	79.2
2～<3 岁	90.6	91.1	90.0	92.2	89.3	91.7	92.7	88.6	89.8	91.2	88.3
3～<4 岁	98.2	98.6	97.8	99.7	97.0	98.9	100.0	97.1	97.4	99.8	95.9
4～<5 岁	105.7	106	105.4	107.1	104.7	107.9	107.1	104.2	104.2	107.9	102.0
5～<6 岁	111.3	111.9	110.5	113.3	109.6	111.1	113.7	110.4	110.5	114.6	107.7
6～<9 岁	126.4	127.0	125.7	126.6	126.4	127.4	125.0	124.7	126.0	127.9	126.8
9～<12 岁	142.3	142.2	142.3	143.2	141.9	144.2	141.4	139.7	141.4	146.7	140.0
12～<15 岁	156.5	157.5	155.4	158.8	155.1	158.8	157.8	155.5	154.6	161.9	153.7
15～<18 岁	164.6	169.4	159.2	164.9	164.4	167.3	166.0	162.4	162.6	165.8	164.2

表 2-6 不同性别、城乡、地区和年龄儿童的体重 单位：kg

年龄	合计	性别		城乡		地区					
		男	女	城市	农村	华北	华东	华南	西北	东北	西南
0～<3 月	6.4	6.7	6.0	6.6	6.2	6.4	6.7	6.1	6.3	6.3	6.1
3～<6 月	7.9	8.3	7.5	8.1	7.7	8.1	8.4	7.4	7.8	8.0	7.7
6～<9 月	9.1	9.4	8.7	9.4	8.8	9.3	9.5	8.5	8.8	9.3	8.7
9 月～<1 岁	9.8	10.1	9.5	10.0	9.7	10.1	10.2	9.2	9.6	10.5	9.4
1～<2 岁	11.2	11.5	10.8	11.4	11.0	11.5	11.7	10.4	10.9	11.7	10.7
2～<3 岁	13.5	13.7	13.2	13.9	13.2	13.9	14.1	12.5	13.3	14.3	13.0
3～<4 岁	15.6	15.8	15.3	16.0	15.2	15.7	16.4	14.6	15.1	16.3	15.2
4～<5 岁	17.7	17.9	17.4	18.3	17.2	18.3	18.4	16.7	17.0	18.5	16.7
5～<6 岁	19.6	19.9	19.2	20.2	19.0	19.7	20.5	18.2	18.9	21.2	18.8
6～<9 岁	26.5	27.3	25.5	26.5	26.5	27.2	26.2	24.9	25.9	28.0	26.2
9～<12 岁	36.8	37.8	35.5	37.0	36.6	38.9	36.4	33.3	35.2	41.0	34.8
12～<15 岁	47.3	48.7	45.7	48.4	46.6	50.9	48.2	44.6	44.2	53.5	45.5
15～<18 岁	54.8	58.0	51.3	55.0	54.7	58.8	56.0	51.6	53.3	57.4	53.8

表 2-7 不同性别、城乡、地区和年龄儿童的皮肤表面积① 单位：m^2

年龄	合计	性别		城乡		地区					
		男	女	城市	农村	华北	华东	华南	西北	东北	西南
0～<3 月	0.34	0.36	0.33	0.35	0.34	0.35	0.35	0.34	0.34	0.34	0.33
3～<6 月	0.40	0.41	0.39	0.41	0.40	0.41	0.42	0.39	0.40	0.40	0.39
6～<9 月	0.45	0.46	0.43	0.45	0.44	0.45	0.46	0.43	0.44	0.45	0.43
9 月～<1 岁	0.47	0.48	0.46	0.48	0.47	0.48	0.48	0.46	0.47	0.49	0.46
1～<2 岁	0.52	0.53	0.51	0.53	0.52	0.53	0.54	0.50	0.52	0.54	0.51
2～<3 岁	0.61	0.61	0.60	0.62	0.60	0.62	0.63	0.58	0.60	0.63	0.59
3～<4 岁	0.68	0.68	0.67	0.69	0.66	0.68	0.70	0.65	0.66	0.70	0.66
4～<5 岁	0.74	0.75	0.74	0.76	0.73	0.76	0.76	0.72	0.72	0.77	0.71
5～<6 岁	0.80	0.81	0.79	0.82	0.79	0.81	0.83	0.77	0.79	0.85	0.78
6～<9 岁	0.99	1.01	0.97	0.99	0.99	1.01	0.98	0.95	0.98	1.02	0.99
9～<12 岁	1.23	1.25	1.21	1.24	1.23	1.27	1.22	1.16	1.20	1.32	1.19
12～<15 岁	1.46	1.48	1.43	1.49	1.44	1.53	1.48	1.41	1.40	1.58	1.42
15～<18 岁	1.61	1.68	1.54	1.62	1.61	1.68	1.64	1.55	1.58	1.66	1.60

① 皮肤表面积是对所有调查对象皮肤表面积进行统计分析后获得的。

二、摄入量

（一）呼吸量

儿童呼吸量随年龄增长而增加（表 2-8），单位体重呼吸量随年龄增长而逐渐降低（表 2-9）。3 个月以下儿童呼吸量为 3.7 m^3/d，15 岁时达 14.0 m^3/d；1 岁儿童单位体重呼吸量从出生时到 1 岁为 0.6 m^3/（kg·d），12 岁降至 0.3 m^3/（kg·d）。从性别分布看，同年龄段男童呼吸量和单位体重呼吸量均略高于女童；从城乡分布看，同年龄段城市地区儿童呼吸量高于农村地区；从地区分布看，同年龄华北、华东和东北地区儿童呼吸量总体高于其他地区；单位体重呼吸量的城乡和地区差异性规律不明显。

表 2-8　不同性别、城乡、地区和年龄儿童呼吸量[①]　　单位：m^3/d

年龄	合计	性别		城乡		地区					
		男	女	城市	农村	华北	华东	华南	西北	东北	西南
0～<3 月	3.7	4.0	3.4	3.9	3.6	3.7	3.9	3.6	3.6	3.6	3.5
3～<6 月	4.7	5.0	4.4	4.8	4.6	4.8	5.0	4.4	4.6	4.7	4.6
6～<9 月	5.4	5.7	5.1	5.6	5.3	5.5	5.7	5.1	5.2	5.6	5.2
9 月～<1 岁	5.9	6.1	5.6	6.0	5.8	6.1	6.1	5.5	5.7	6.3	5.6
1～<2 岁	5.7	5.9	5.4	5.8	5.6	5.8	5.9	5.3	5.5	5.9	5.4
2～<3 岁	6.3	6.5	6.0	6.4	6.2	6.6	6.8	5.8	6.6	6.7	6.0
3～<4 岁	8.0	8.3	7.6	8.1	7.9	8.0	8.2	7.8	7.9	8.1	7.9
4～<5 岁	8.4	8.8	8.1	8.6	8.3	8.6	8.6	8.2	8.3	8.6	8.2
5～<6 岁	8.8	9.2	8.4	9.0	8.7	8.9	9.0	8.5	8.7	9.2	8.7
6～<9 岁	10.1	10.6	9.5	10.1	10.1	10.1	10.0	9.8	10.0	10.4	10.1
9～<12 岁	13.2	13.9	12.3	13.3	13.2	13.5	13.2	12.6	12.9	14.0	12.9
12～<15 岁	13.5	15.1	11.6	13.7	13.4	13.9	13.5	13.1	13.1	14.5	13.4
15～<18 岁	14.0	16.2	11.7	14.0	14.0	14.7	14.1	13.5	13.8	13.6	14.1

① 呼吸量是在对所有调查对象计算的呼吸量基础上通过统计方法获得的。

表 2-9 不同性别、城乡、地区和年龄儿童单位体重呼吸量 单位：m^3/（kg·d）

年龄	合计	性别		城乡		地区					
		男	女	城市	农村	华北	华东	华南	西北	东北	西南
0～<3 月	0.6	0.6	0.6	0.6	0.6	0.6	0.6	0.6	0.6	0.6	0.6
3～<6 月	0.6	0.6	0.6	0.6	0.6	0.6	0.6	0.6	0.6	0.6	0.6
6～<9 月	0.6	0.6	0.6	0.6	0.6	0.6	0.6	0.6	0.6	0.6	0.6
9 月～<1 岁	0.6	0.6	0.6	0.6	0.6	0.6	0.6	0.6	0.6	0.6	0.6
1～<2 岁	0.5	0.5	0.5	0.5	0.5	0.5	0.5	0.5	0.5	0.5	0.5
2～<3 岁	0.5	0.5	0.5	0.5	0.5	0.5	0.5	0.5	0.5	0.5	0.5
3～<4 岁	0.5	0.5	0.5	0.5	0.5	0.5	0.5	0.5	0.5	0.5	0.5
4～<5 岁	0.5	0.5	0.5	0.5	0.5	0.5	0.5	0.5	0.5	0.5	0.5
5～<6 岁	0.5	0.5	0.4	0.4	0.5	0.5	0.4	0.5	0.5	0.4	0.5
6～<9 岁	0.4	0.4	0.4	0.4	0.4	0.4	0.4	0.4	0.4	0.4	0.4
9～<12 岁	0.4	0.4	0.4	0.4	0.4	0.4	0.4	0.4	0.4	0.4	0.4
12～<15 岁	0.3	0.3	0.3	0.3	0.3	0.3	0.3	0.3	0.3	0.3	0.3
15～<18 岁	0.3	0.3	0.2	0.3	0.3	0.3	0.3	0.3	0.3	0.2	0.3

（二）饮水量

儿童饮水量呈现出随年龄增长整体呈逐渐增加的趋势（表 2-10），3 个月以下儿童每日饮水量为 182 mL，1 岁后达 900 mL 以上，6 岁后每日饮水量上升至 1 200 mL 左右。然而，儿童单位体重饮水量随年龄增长却呈现先增加后降低的趋势（表 2-11），其中 9 个月到 2 岁儿童单位体重饮水量最高，每日约 80 mL/kg。

表 2-10 不同性别、城乡、地区和年龄儿童饮水量 单位：mL/d

年龄	合计	性别		城乡		地区					
		男	女	城市	农村	华北	华东	华南	西北	东北	西南
0～<3 月	182	193	170	185	180	159	188	237	111	129	177
3～<6 月	345	372	312	394	298	269	431	350	209	233	279
6～<9 月	592	595	588	680	511	495	741	609	421	350	520
9 月～<1 岁	813	840	784	886	761	681	930	839	481	429	884
1～<2 岁	911	936	882	979	854	916	1 003	939	601	544	924

年龄	合计	性别		城乡		地区					
		男	女	城市	农村	华北	华东	华南	西北	东北	西南
2～<3 岁	809	800	819	897	734	857	931	847	624	534	647
3～<4 岁	863	862	865	887	843	910	935	953	689	577	690
4～<5 岁	851	864	836	905	807	975	939	796	640	588	748
5～<6 岁	861	870	848	924	803	930	963	771	707	607	806
6～<9 岁	1 186	1 206	1 162	1 125	1 210	1 225	1 135	1 168	1 060	789	1 395
9～<12 岁	1 280	1 299	1 258	1 233	1 301	1 432	1 230	1 254	1 358	946	1 258
12～<15 岁	1 383	1 408	1 353	1 318	1 424	1 588	1 289	1 287	1 084	1 028	1 560
15～<18 岁	1 414	1 524	1 291	1 318	1 473	1 586	1 408	1 173	1 010	1 056	1 837

表 2-11 不同性别、城乡、地区和年龄儿童单位体重饮水量 单位：mL/（kg·d）

年龄	合计	性别		城乡		地区					
		男	女	城市	农村	华北	华东	华南	西北	东北	西南
0～<3 月	30	29	30	29	30	25	30	38	17	20	31
3～<6 月	43	45	41	48	38	34	51	47	28	28	36
6～<9 月	64	63	67	73	56	54	79	72	44	37	57
9 月～<1 岁	84	85	83	90	79	67	92	94	49	41	94
1～<2 岁	82	82	82	87	78	81	87	92	55	47	85
2～<3 岁	60	59	62	66	56	62	67	69	47	38	49
3～<4 岁	56	56	57	56	57	59	58	66	46	36	46
4～<5 岁	49	49	49	50	48	54	52	49	38	33	46
5～<6 岁	45	44	45	47	43	47	48	43	38	30	44
6～<9 岁	46	46	47	44	47	46	44	48	42	29	55
9～<12 岁	37	36	37	36	37	39	35	39	41	24	38
12～<15 岁	31	30	31	28	32	33	28	29	25	20	37
15～<18 岁	28	28	27	25	29	28	26	23	19	19	39

从性别分布看，同年龄段男童饮水量高于女童；从城乡分布看，同年龄段城市儿童饮水量高于农村；从地区分布看，同年龄段华北、华东地区儿童饮水量总体高于西北和东北地区。

（三）饮食量

除乳类，儿童饮食摄入量随年龄增长而增加（表 2-12 和表 2-13）。从城乡来看，除主食外，城市儿童其他饮食摄入量高于农村。从饮食结构来看，儿童主食占日均饮食量的比例最高，约 27%；其次分别为乳类、蔬菜、水果、肉类、蛋类、水产类和豆类，分别占 20%、18%、15%、9%、5%、4% 和 2%。

表 2-12 不同年龄、性别、城乡和片区儿童食用各种食物的人数比例 单位：%

类型	年龄	合计	性别		城乡		片区					
			男	女	城市	农村	华北	华东	华南	西北	东北	西南
主食	2～<3岁	99.9	100.0	99.9	99.9	100.0	100.0	100.0	99.9	99.8	100.0	99.8
	3～<4岁	100.0	100.0	100.0	100.0	100.0	100.0	100.0	100.0	100.0	100.0	100.0
	4～<5岁	100.0	100.0	100.0	100.0	100.0	99.9	100.0	100.0	100.0	100.0	100.0
	5～<6岁	100.0	100.0	100.0	100.0	100.0	100.0	100.0	100.0	100.0	100.0	100.0
	6～<9岁	96.5	96.3	96.6	94.8	97.5	97.5	96.8	92.3	97.4	97.6	97.5
	9～<12岁	95.7	96.3	95.2	92.4	97.7	95.1	96.8	90.8	97.2	98.3	97.9
	12～<15岁	96.4	95.9	96.9	94.3	97.6	96.9	97.1	92.1	98.1	97.3	97.8
	15～<18岁	97.0	97.6	96.5	95.6	97.8	97.8	97.0	95.4	97.5	97.7	97.4
蔬菜	2～<3岁	96.7	96.9	96.6	98.8	94.8	96.6	97.1	98.3	95.9	93.3	97.6
	3～<4岁	97.5	97.1	98.0	99.1	96.1	95.6	99.1	98.5	97.7	94.2	98.1
	4～<5岁	97.6	97.6	97.6	99.1	96.1	95.0	97.9	99.2	98.5	95.9	98.8
	5～<6岁	97.5	97.5	97.5	99.2	95.7	96.6	98.6	98.5	97.2	95.5	97.0
	6～<9岁	94.6	94.6	94.6	94.7	94.5	95.1	95.9	89.7	95.9	95.7	94.8
	9～<12岁	93.5	92.8	94.1	92.3	94.2	92.3	94.5	89.1	95.2	96.1	95.2
	12～<15岁	93.3	92.6	94.0	91.8	94.2	93.6	94.1	90.1	94.5	94.7	93.8
	15～<18岁	91.9	92.0	91.8	90.2	92.7	92.3	93.8	88.8	93.5	88.5	92.1
水果	2～<3岁	94.2	94.0	94.5	97.7	90.9	89.1	96.5	95.6	94.4	99.3	91.7
	3～<4岁	94.9	95.1	94.7	98.1	91.9	90.1	97.6	96.2	95.7	97.7	92.2
	4～<5岁	94.7	94.6	94.7	97.5	91.9	91.5	95.3	96.1	95.1	99.5	92.5
	5～<6岁	94.9	94.3	95.6	98.2	91.7	89.6	97.4	95.9	96.8	99.2	91.5
	6～<9岁	89.8	89.7	89.8	93.2	87.7	88.3	94.6	82.7	90.3	94.7	87.1
	9～<12岁	90.2	89.4	91.0	92.1	89.1	89.5	93.7	86.0	92.1	94.4	85.6
	12～<15岁	87.6	86.4	88.7	91.0	85.6	85.6	92.0	84.9	88.3	92.1	81.9
	15～<18岁	86.1	84.0	88.0	89.2	84.4	83.8	90.7	82.9	86.7	90.2	82.5

类型	年龄	合计	性别		城乡		片区					
			男	女	城市	农村	华北	华东	华南	西北	东北	西南
豆类	2～<3岁	74.3	73.5	75.1	84.0	65.1	72.7	78.0	77.0	56.6	80.1	77.7
	3～<4岁	76.6	76.7	76.4	85.2	68.3	73.2	81.7	81.0	60.4	83.4	77.5
	4～<5岁	76.9	76.9	76.9	85.6	68.4	72.3	83.5	80.7	60.3	83.9	77.1
	5～<6岁	78.5	78.1	78.8	88.7	68.2	74.0	83.5	83.1	60.3	86.4	81.6
	6～<9岁	73.8	73.7	73.9	80.3	69.8	70.2	80.4	72.4	56.1	83.3	76.3
	9～<12岁	71.6	72.0	71.2	71.9	71.4	70.3	78.3	70.3	50.5	78.5	74.7
	12～<15岁	69.1	68.6	69.7	72.9	67.0	68.7	73.8	69.0	53.0	76.1	70.4
	15～<18岁	68.3	67.5	69.1	71.0	66.9	67.6	72.0	73.2	55.0	67.8	69.6
乳类	2～<3岁	56.6	55.9	57.2	78.2	36.2	50.1	70.9	51.9	57.2	49.8	50.1
	3～<4岁	50.4	49.7	51.1	73.6	28.3	45.1	63.7	46.7	44.8	51.1	43.7
	4～<5岁	48.4	48.6	48.1	71.2	25.9	41.6	66.5	38.4	37.5	49.4	44.0
	5～<6岁	47.4	48.3	46.4	69.7	24.8	47.6	57.8	42.4	30.5	49.5	47.6
	6～<9岁	71.6	71.6	71.6	85.0	63.4	68.1	72.0	66.5	70.2	83.1	75.4
	9～<12岁	70.4	69.1	71.7	80.1	64.7	64.6	74.6	63.4	69.1	82.5	72.4
	12～<15岁	70.5	69.1	71.8	79.3	65.3	64.6	76.8	63.7	66.6	83.1	70.0
	15～<18岁	63.8	61.1	66.3	75.8	57.6	59.4	72.5	60.6	62.7	69.5	57.2
肉类	2～<3岁	93.1	93.2	92.9	96.7	89.6	85.5	95.3	96.7	89.0	96.2	96.2
	3～<4岁	94.8	95.1	94.6	97.5	92.3	87.6	97.0	97.4	93.0	98.2	96.9
	4～<5岁	95.1	94.9	95.3	97.3	93.0	91.3	97.5	96.6	92.9	97.6	94.3
	5～<6岁	95.6	95.7	95.5	98.3	92.9	91.1	97.3	97.8	93.4	98.7	95.9
	6～<9岁	89.4	89.2	89.6	90.5	88.7	86.7	93.5	86.3	83.1	94.6	90.7
	9～<12岁	86.6	88.1	85.2	86.3	86.8	81.8	92.3	81.1	83.0	90.7	90.0
	12～<15岁	86.7	87.9	85.6	88.6	85.6	80.9	91.3	84.4	83.8	90.9	88.4
	15～<18岁	85.6	88.1	83.4	87.4	84.7	78.7	91.5	83.6	84.0	85.5	88.8
水产类	2～<3岁	62.0	60.4	63.6	82.8	42.4	54.0	83.1	72.1	24.4	76.1	47.1
	3～<4岁	62.4	61.0	63.8	81.7	44.0	52.3	84.5	67.8	27.7	78.6	53.6
	4～<5岁	62.2	62.2	62.1	82.9	41.8	49.4	84.9	68.7	26.4	78.4	51.2
	5～<6岁	61.4	61.3	61.5	81.4	41.3	49.0	82.3	70.2	24.4	76.3	53.1
	6～<9岁	67.2	66.2	68.1	81.4	58.4	57.1	84.3	67.2	33.9	84.9	64.8
	9～<12岁	60.8	60.4	61.2	71.2	54.7	45.2	80.3	62.0	32.0	76.9	57.8
	12～<15岁	60.8	59.7	61.9	73.9	53.3	48.2	78.2	66.2	33.3	71.8	54.4
	15～<18岁	54.1	54.0	54.2	67.9	46.9	44.6	74.0	55.4	31.6	60.6	48.8

类型	年龄	合计	性别		城乡		片区					
			男	女	城市	农村	华北	华东	华南	西北	东北	西南
蛋类	2～<3岁	84.0	82.5	85.6	87.6	80.6	90.1	89.5	79.8	79.8	82.3	76.2
	3～<4岁	85.1	86.4	83.6	88.9	81.4	92.4	88.1	80.2	82.2	89.7	76.2
	4～<5岁	86.1	85.7	86.5	90.1	82.0	90.0	92.0	79.6	83.7	89.9	76.9
	5～<6岁	85.0	85.5	84.5	88.3	81.7	88.1	89.0	82.1	85.9	81.9	77.4
	6～<9岁	83.8	84.0	83.6	85.9	82.5	84.3	90.0	76.9	77.1	91.0	79.6
	9～<12岁	80.1	80.9	79.4	79.1	80.8	76.9	88.4	72.5	79.4	84.4	76.5
	12～<15岁	78.6	77.5	79.6	79.6	78.0	79.9	84.5	74.1	78.0	78.7	71.7
	15～<18岁	75.9	76.0	75.8	77.4	75.1	79.6	84.2	71.8	72.9	78.4	64.2

表2-13 不同年龄、性别、城乡和片区儿童饮食摄入量 单位：g/d

类型	年龄	合计	性别		城乡		片区					
			男	女	城市	农村	华北	华东	华南	西北	东北	西南
主食*	2～<3岁	139.4	138.9	140.0	139.3	139.4	117.7	118.3	227.1	93.9	113.4	116.1
	3～<4岁	148.8	154.3	142.3	151.6	146.3	136.1	134.8	194.6	109.1	116.4	152.8
	4～<5岁	153.4	157.8	148.3	152.7	154.0	144.0	137.4	197.1	120.0	120.6	170.2
	5～<6岁	162.1	166.2	157.2	166.2	158.5	144.1	146.9	205.6	132.6	126.2	190.7
	6～<9岁	243.8	252.7	233.2	233.0	245.0	238.6	248.3	289.5	262.4	147.0	258.3
	9～<12岁	284.2	296.4	269.6	266.1	286.5	285.5	291.6	302.3	346.2	182.0	302.6
	12～<15岁	352.3	376.8	324.2	331.5	356.7	339.4	392.9	370.3	435.1	194.5	327.2
	15～<18岁	389.2	432.9	341.0	319.8	401.2	382.5	396.5	423.3	464.5	213.9	347.1
蔬菜*	2～<3岁	124.6	124.1	125.2	136.6	114.4	127.1	109.2	158.1	102.5	123.0	111.0
	3～<4岁	133.4	130.4	136.9	140.7	126.9	135.9	147.2	139.8	105.9	108.1	119.3
	4～<5岁	135.5	133.7	137.5	147.3	125.5	136.3	141.2	156.6	116.4	108.7	116.8
	5～<6岁	133.1	136.2	129.4	151.2	117.0	156.8	134.6	128.6	118.5	111.4	117.6
	6～<9岁	151.5	158.0	143.8	139.5	152.9	179.2	134.4	157.8	121.8	113.9	131.4
	9～<12岁	175.8	171.9	180.3	201.7	172.3	186.5	164.7	175.7	168.5	158.9	180.0
	12～<15岁	204.9	202.7	207.3	211.7	203.4	227.5	224.4	195.5	140.5	246.9	187.0
	15～<18岁	197.8	206.2	188.6	200.5	197.4	234.3	233.7	190.5	135.6	219.3	192.0
水果**	2～<3岁	110.0	110.1	110.0	129.8	92.8	135.8	99.7	123.6	105.5	112.4	76.0
	3～<4岁	121.2	123.7	118.4	130.9	112.5	151.7	111.5	128.4	127.6	107.3	87.4
	4～<5岁	117.5	117.3	117.6	128.5	108.2	134.3	110.8	131.3	136.1	103.1	84.1

类型	年龄	合计	性别		城乡		片区					
			男	女	城市	农村	华北	华东	华南	西北	东北	西南
水果**	5～<6岁	117.4	119.9	114.6	128.7	107.2	149.6	107.9	121.0	137.1	114.0	75.9
	6～<9岁	95.8	94.8	97.1	114.5	93.6	81.6	87.0	102.0	98.2	143.6	105.2
	9～<12岁	124.8	123.0	126.8	160.0	119.9	109.8	105.6	124.4	123.7	192.7	131.2
	12～<15岁	137.8	132.6	143.7	165.1	131.3	140.1	145.1	132.4	107.8	182.2	131.5
	15～<18岁	148.3	146.3	150.3	153.2	147.4	156.4	150.2	121.1	89.8	187.8	190.7
豆类*	2～<3岁	6.5	6.4	6.6	8.0	4.9	3.9	7.4	8.2	4.6	7.6	6.1
	3～<4岁	6.9	7.2	6.5	7.2	6.5	6.2	7.9	6.5	6.0	6.1	7.1
	4～<5岁	7.6	7.5	7.6	8.1	7.1	5.9	8.4	7.4	7.4	6.8	8.7
	5～<6岁	7.2	7.8	6.6	8.0	6.4	5.8	7.7	7.8	5.2	5.3	9.0
	6～<9岁	22.4	22.4	22.3	27.6	21.7	18.1	19.5	26.4	30.2	16.9	31.3
	9～<12岁	29.9	30.2	29.5	39.9	28.6	24.8	24.8	39.3	36.6	25.2	37.3
	12～<15岁	36.4	39.7	32.5	35.3	36.6	29.4	38.5	35.9	32.7	29.4	44.9
	15～<18岁	37.4	38.7	36.0	39.5	36.9	36.0	38.3	39.9	29.9	32.9	41.5
乳类***	2～<3岁	229.4	236.0	221.7	261.4	173.1	200.9	244.1	211.8	312.7	168.3	227.7
	3～<4岁	187.9	200.3	174.1	205.5	151.3	188.3	197.1	176.7	223.2	145.3	166.3
	4～<5岁	178.4	191.0	163.6	194.5	141.8	176.7	181.8	195.3	170.9	148.2	167.8
	5～<6岁	161.4	167.4	154.0	179.5	119.9	141.5	169.9	171.2	176.3	125.5	162.9
	6～<9岁	128.1	127.5	128.9	145.1	125.6	124.3	144.0	139.4	122.6	87.3	140.9
	9～<12岁	136.0	142.4	128.4	175.0	129.2	127.9	155.9	135.3	131.6	107.6	152.4
	12～<15岁	150.3	148.5	152.1	161.1	147.5	144.2	169.4	143.0	108.0	138.4	164.4
	15～<18岁	150.5	156.8	144.4	153.8	149.8	164.7	167.4	145.8	88.5	130.9	174.0
肉类*	2～<3岁	53.7	53.7	53.7	61.4	47.1	41.6	51.9	75.3	31.3	39.0	57.5
	3～<4岁	59.8	59.3	60.4	60.1	59.6	49.7	59.7	77.0	33.9	34.9	68.5
	4～<5岁	58.5	59.7	57.0	64.4	53.5	44.4	57.6	80.4	35.1	42.2	70.1
	5～<6岁	59.1	61.6	56.0	68.4	50.8	49.9	56.1	76.6	37.4	43.3	73.0
	6～<9岁	68.1	68.3	67.9	88.3	65.7	37.5	82.5	117.3	50.7	48.9	89.7
	9～<12岁	88.9	95.2	81.3	123.5	84.4	43.8	95.7	130.8	67.9	71.6	129.5
	12～<15岁	116.4	125.3	105.8	147.7	109.2	72.0	138.2	149.9	55.4	114.8	122.7
	15～<18岁	102.4	117.2	85.3	122.2	98.9	89.1	132.0	143.5	40.3	105.1	106.2

类型	年龄	合计	性别		城乡		片区					
			男	女	城市	农村	华北	华东	华南	西北	东北	西南
水产类*	2～<3 岁	28.7	30.1	27.3	31.5	24.8	22.2	31.0	39.1	16.3	16.7	18.0
	3～<4 岁	30.9	29.5	32.6	29.3	33.2	22.6	42.2	31.5	14.4	15.4	21.9
	4～<5 岁	30.0	29.4	30.7	30.3	29.5	22.9	32.0	42.7	16.3	15.2	21.6
	5～<6 岁	29.0	29.9	28.0	31.8	24.6	22.3	31.8	39.8	19.9	16.2	17.4
	6～<9 岁	30.8	30.8	30.8	41.4	29.1	25.8	31.4	49.9	21.0	18.6	30.9
	9～<12 岁	39.2	41.0	37.1	56.1	36.4	27.2	35.4	59.4	45.7	29.1	42.4
	12～<15 岁	58.5	58.6	58.4	78.9	52.0	43.1	60.6	77.6	45.4	56.1	41.8
	15～<18 岁	55.8	61.9	49.5	66.2	53.0	46.4	60.0	69.4	36.9	56.7	51.9
蛋类*	2～<3 岁	37.6	37.8	37.3	38.0	37.2	46.2	40.8	33.1	29.1	30.8	30.8
	3～<4 岁	38.5	39.2	37.5	37.9	39.0	49.5	41.3	31.5	31.6	28.7	33.0
	4～<5 岁	37.8	38.3	37.3	37.4	38.2	45.3	40.6	31.3	32.4	30.2	33.8
	5～<6 岁	37.9	38.4	37.3	38.0	37.9	47.1	41.4	31.6	33.4	26.6	29.6
	6～<9 岁	38.4	38.2	38.7	43.1	37.9	46.2	30.9	35.4	35.8	37.0	36.7
	9～<12 岁	41.4	41.7	40.9	46.2	40.7	46.9	35.6	39.7	43.6	42.3	39.8
	12～<15 岁	45.8	44.7	47.0	47.5	45.4	52.8	45.7	43.1	33.1	47.9	46.1
	15～<18 岁	48.2	51.5	44.6	50.9	47.7	60.4	49.1	40.4	28.1	51.6	57.1

注：表格中的饮食摄入量均采用食物频率调查方法获得。

*主食、蔬菜、豆类、肉类、水产类和蛋类：2～5 岁按生重计量；6～17 岁按熟重计量。

**水果摄入量均按照可食部分生重计量。

***乳类摄入量均按照鲜奶或酸奶重计量。

（四）土壤/尘摄入量

3～17 岁儿童土壤/尘摄入量见表 2-14。从年龄分布看，6～11 岁儿童土壤/尘摄入量最高，为 103 mg/d，3～5 岁儿童土壤/尘摄入量最低，为 72 mg/d；从性别分布看，男童土壤/尘摄入量高于女童；从地区分布看，甘肃地区儿童土壤/尘摄入量最高，广东地区儿童最低。

表 2-14　儿童土壤/尘摄入量　　单位：mg/d

年龄	合计	性别		湖北			甘肃			广东		
		男	女	小计	城市	农村	小计	城市	农村	小计	城市	农村
合计	85	89	81	70	81	58	150	123	173	53	57	49
3～<6 岁	72	76	68	56	65	45	139	103	164	40	41	39
6～<12 岁	103	108	99	79	87	74	161	140	182	66	77	58
12～<18 岁	86	99	75	86	110	63	—	—	—	—	—	—

注：数据来源于环保公益性行业科研专项《环境健康风险评价中的儿童土壤摄入率及相关暴露参数研究》（201309044）研究成果，其中湖北省调查地点为武汉和宜昌，甘肃省调查地点为兰州，广东省调查地点为深圳。

三、暴露时间

（一）空气暴露时间

1. 室外活动时间

我国儿童室外活动时间随年龄增长呈现先增长后减少的趋势（表 2-15），3 个月以下儿童平均每天室外活动时间为 50 min，1～2 岁儿童室外活动时间最长，约 150 min；进入托幼机构、小学、中学后，儿童平均每天室外活动时间不断减少。从性别分布看，出生 9 个月之后，同年龄段男童室外活动时间总体高于女童；从城乡分布看，同年龄段农村地区儿童室外活动时间高于城市地区；从地区分布看，同年龄段华南地区儿童室外活动时间较长，而东北地区较短。

表 2-15　不同性别、城乡、地区和年龄儿童室外活动时间　　单位：min/d

年龄	合计	性别		城乡		地区					
		男	女	城市	农村	华北	华东	华南	西北	东北	西南
0～<3 月	50	48	51	41	56	32	46	75	31	2	64
3～<6 月	90	84	96	77	102	59	89	128	79	10	79
6～<9 月	119	117	120	113	123	107	130	155	105	20	99
9 月～<1 岁	137	140	134	120	149	148	130	191	121	24	106
1～<2 岁	155	157	152	141	166	179	152	181	153	63	120

年龄	合计	性别		城乡		地区					
		男	女	城市	农村	华北	华东	华南	西北	东北	西南
2～<3 岁	157	156	157	141	170	161	150	186	180	69	147
3～<4 岁	150	152	149	132	165	148	144	169	178	71	149
4～<5 岁	138	143	132	119	153	145	131	150	171	70	138
5～<6 岁	134	134	133	121	144	140	138	127	171	82	127
6～<9 岁	104	105	103	89	110	94	124	87	122	105	112
9～<12 岁	106	108	104	92	113	96	120	97	136	103	116
12～<15 岁	102	106	96	83	113	89	98	104	132	83	108
15～<18 岁	96	99	92	89	99	88	88	93	115	88	95

2. 室内活动时间

我国儿童室内活动时间随年龄增长呈现先降低后增加的趋势（表 2-16）。0～6 个月儿童平均每天室内活动时间最长；从性别分布看，同年龄段女童室内活动时间总体高于男童；从城乡分布看，同年龄段城市儿童室内活动时间略高于农村地区；从地区分布看，同年龄段东北地区儿童室内活动时间最长，华南地区最短。

表 2-16　不同性别、城乡、地区和年龄儿童室内活动时间　　单位：min/d

年龄	合计	性别		城乡		地区					
		男	女	城市	农村	华北	华东	华南	西北	东北	西南
0～<3 月	1 390	1 392	1 389	1 399	1 384	1 408	1 394	1 365	1 409	1 438	1 376
3～<6 月	1 350	1 356	1 344	1 363	1 338	1 381	1 351	1 312	1 361	1 430	1 361
6～<9 月	1 321	1 323	1 320	1 327	1 317	1 333	1 310	1 285	1 335	1 420	1 341
9 月～<1 岁	1 303	1 300	1 306	1 320	1 291	1 292	1 310	1 249	1 319	1 416	1 334
1～<2 岁	1 285	1 283	1 288	1 299	1 274	1 261	1 288	1 259	1 287	1 377	1 320
2～<3 岁	1 279	1 280	1 277	1 292	1 268	1 275	1 283	1 249	1 259	1 370	1 291
3～<4 岁	1 275	1 274	1 275	1 290	1 261	1 279	1 275	1 252	1 254	1 367	1 281
4～<5 岁	1 284	1 279	1 289	1 302	1 269	1 274	1 288	1 269	1 254	1 362	1 288
5～<6 岁	1 286	1 285	1 288	1 298	1 276	1 279	1 280	1 289	1 250	1 349	1 298
6～<9 岁	1 297	1 294	1 299	1 310	1 291	1 308	1 265	1 313	1 280	1 297	1 291
9～<12 岁	1 298	1 296	1 301	1 309	1 293	1 309	1 278	1 308	1 273	1 307	1 287
12～<15 岁	1 300	1 295	1 306	1 314	1 291	1 309	1 309	1 293	1 274	1 319	1 294
15～<18 岁	1 302	1 296	1 308	1 301	1 302	1 308	1 309	1 298	1 288	1 310	1 301

3. 交通出行时间

我国儿童（3～17岁）有规律的交通出行时间随年龄增长而增加（表2-17）。其中，3～5岁儿童平均每天交通出行时间最短，约23 min，15岁以上儿童交通出行时间最长，平均每天45 min；从城乡分布看，同年龄段城市儿童交通出行时间高于农村；从地区分布看，同年龄段华北、华东和华南地区儿童交通出行时间总体高于西北、东北和西南地区。

表2-17 不同性别、城乡、地区和年龄儿童交通出行时间 单位：min/d

年龄	合计	性别		城乡		地区					
		男	女	城市	农村	华北	华东	华南	西北	东北	西南
3～<4岁	23	23	24	23	24	20	25	27	25	13	21
4～<5岁	23	23	23	22	23	24	23	25	26	16	20
5～<6岁	23	24	23	23	24	24	24	26	25	17	21
6～<9岁	41	42	39	41	41	37	51	39	39	38	40
9～<12岁	37	38	37	40	36	35	47	37	32	31	38
12～<15岁	41	41	40	43	39	42	39	44	36	39	40
15～<18岁	45	47	43	50	42	44	43	53	41	43	45

注：3岁及以上儿童入托幼机构后，因上下学开始进行规律的交通出行活动。

（二）水暴露时间

1. 洗澡

我国儿童洗澡时间随年龄增长而增加（表2-18），其中，3个月以下儿童洗澡时间约5 min/d，12～14岁儿童洗澡时间最长，约12 min/d。从性别分布看，同年龄段女童洗澡时间总体高于男童；从城乡分布看，同年龄段城市儿童洗澡时间高于农村；从地区分布看，同年龄段华南地区儿童洗澡时间最长，西北地区最短。

表2-18 不同性别、城乡、地区和年龄儿童洗澡时间 单位：min/d

年龄	合计	性别		城乡		地区					
		男	女	城市	农村	华北	华东	华南	西北	东北	西南
0～<3月	5	5	4	5	5	2	4	9	1	3	6
3～<6月	7	7	7	7	7	4	7	11	2	6	6

年龄	合计	性别		城乡		地区					
		男	女	城市	农村	华北	华东	华南	西北	东北	西南
6～<9 月	8	7	8	8	7	5	7	11	3	7	8
9 月～<1 岁	8	8	9	9	8	6	8	13	3	8	8
1～<2 岁	8	8	8	9	7	7	9	11	3	9	8
2～<3 岁	9	9	9	10	8	7	9	12	4	8	8
3～<4 岁	9	9	9	10	8	7	9	12	4	8	7
4～<5 岁	9	9	9	10	8	7	9	13	4	8	8
5～<6 岁	9	8	9	9	8	7	9	12	4	7	8
6～<9 岁	9	9	10	11	9	9	8	12	8	10	10
9～<12 岁	10	10	11	12	10	10	9	12	10	10	11
12～<15 岁	12	11	13	14	10	11	12	15	6	10	11
15～<18 岁	10	9	12	14	8	12	13	13	5	12	10

2. 游泳

我国儿童有游泳行为的人数比例随年龄增长呈现出先增加后降低的趋势（表 2-19），9～11 岁儿童游泳人数比例最高，占 21.7%。从性别分布看，同年龄段男童游泳人数比例总体上高于女童；从城乡分布看，同年龄段城市儿童游泳人数比例远高于农村；从地区分布看，华南、华东和西南地区儿童游泳人数比例相对较高，东北地区最低。在具有游泳行为的儿童中，游泳时间随年龄增长而增加（表 2-20）。

表 2-19 不同性别、城乡、地区和年龄儿童游泳人数比例 单位：%

年龄	合计	性别		城乡		地区					
		男	女	城市	农村	华北	华东	华南	西北	东北	西南
3～<4 岁	5.6	5.3	6.0	11.3	0.9	5.2	7.6	6.3	2.3	0.5	4.4
4～<5 岁	5.4	5.3	5.5	11.1	0.9	4.1	6.8	7.7	1.4	0.2	5.3
5～<6 岁	7.4	7.9	6.6	13.5	2.1	3.9	8.7	12.6	0.5	0.8	7.1
6～<9 岁	14.9	14.8	15.1	34.7	6.7	3.5	12.1	27.6	15.1	17.3	30.1
9～<12 岁	21.7	22.0	21.3	41.1	12.7	7.6	22.6	28.6	22.6	31.8	32.5
12～<15 岁	18.0	19.3	16.5	28.9	11.2	12.6	23.2	21.7	7.7	20.6	17.6
15～<18 岁	12.2	15.9	8.1	24.3	5.3	9.0	17.6	13.7	2.6	7.3	17.2

注：3 岁及以上儿童开始具备学习游泳的能力。

表 2-20　不同性别、城乡、地区和年龄儿童的游泳时间　单位：min/月

年龄	合计	性别		城乡		地区					
		男	女	城市	农村	华北	华东	华南	西北	东北	西南
3～<4 岁	94	101	86	93	108	109	116	71	79	126	51
4～<5 岁	80	78	82	80	79	118	67	93	136	174	46
5～<6 岁	108	100	118	108	105	113	124	117	41	67	54
6～<9 岁	148	144	153	145	155	131	171	153	192	113	144
9～<12 岁	217	224	207	220	212	173	234	222	327	172	227
12～<15 岁	218	236	194	224	208	200	210	246	195	206	210
15～<18 岁	230	252	183	258	157	183	183	173	104	285	317

注：指具有游泳行为的儿童的游泳时间。

（三）土壤/尘暴露时间

我国儿童户外活动中具有土壤暴露行为的人数比例随年龄增长先增加后降低（表 2-21），其中 3～4 岁儿童有土壤暴露行为的比例最高，为 67.0%。从性别分布看，同年龄段男童户外活动土壤暴露人数比例高于女童；从城乡分布看，同年龄段农村儿童户外活动土壤暴露人数比例高于城市；从地区分布看，同年龄段华南地区儿童户外活动土壤暴露人数比例最高，东北地区最低。

我国儿童户外活动土壤暴露时间随年龄增长先增加后降低（表 2-22），其中 3～4 岁儿童户外活动土壤暴露时间最长，为 40 min/d。从性别分布看，同年龄段男童户外活动土壤暴露时间高于女童；从城乡分布看，同年龄段农村儿童户外活动土壤暴露时间总体上高于城市；从地区分布看，同年龄段华南地区儿童户外活动土壤暴露时间最高，东北和西南地区最低。

表 2-21　不同性别、城乡、地区和年龄儿童户外活动土壤暴露人数比例　单位：%

年龄	合计	性别		城乡		地区					
		男	女	城市	农村	华北	华东	华南	西北	东北	西南
1～<2 岁	62.6	66.0	58.4	51.4	71.7	69.5	57.8	69.6	54.7	34.9	66.5
2～<3 岁	66.3	70.0	61.9	55.3	75.4	71.6	57.9	77.8	66.3	49.5	66.4
3～<4 岁	67.0	69.7	63.8	54.0	77.9	70.9	58.6	79.6	71.3	44.2	65.4
4～<5 岁	63.4	67.3	58.8	50.7	73.5	69.3	52.3	72.0	64.4	49.7	70.4

年龄	合计	性别		城乡		地区					
		男	女	城市	农村	华北	华东	华南	西北	东北	西南
5～<6 岁	55.1	58.8	50.5	48.5	60.9	60.9	52.8	49.9	64.1	51.3	56.9
6～<9 岁	63.8	65.5	61.9	60.3	65.3	79.4	41.0	70.8	64.2	46.9	58.7
9～<12 岁	54.9	54.8	55.1	52.7	55.9	61.8	42.4	66.3	47.4	35.8	55.8
12～<15 岁	48.7	49.3	48.0	44.8	51.2	58.1	45.4	55.8	39.9	38.7	41.1
15～<18 岁	41.3	40.7	41.9	48.6	37.1	54.1	38.6	62.9	22.6	48.9	34.0

注：1 岁及以上儿童开始独立行走，户外活动强度及范围逐渐增大。

表 2-22　不同性别、城乡、地区和年龄儿童户外活动土壤暴露时间　　单位：min/d

年龄	合计	性别		城乡		地区					
		男	女	城市	农村	华北	华东	华南	西北	东北	西南
1～<2 岁	38	41	35	34	41	44	37	46	35	28	28
2～<3 岁	37	40	34	31	41	41	31	48	43	30	27
3～<4 岁	40	40	40	33	45	43	38	46	50	33	29
4～<5 岁	39	41	36	33	41	41	33	54	47	28	26
5～<6 岁	37	39	32	30	41	44	34	42	45	30	26
6～<9 岁	24	25	23	23	24	23	25	28	25	19	25
9～<12 岁	20	20	19	20	19	18	19	22	29	16	19
12～<15 岁	20	20	19	18	20	20	19	20	23	20	17
15～<18 岁	21	22	21	22	21	20	18	25	20	16	23

注：指具有土壤暴露行为儿童的土壤暴露时间。

四、综合分析

（一）我国儿童环境暴露行为模式存在年龄、性别、城乡和地区差异

我国儿童环境暴露行为模式存在年龄、性别、城乡和地区差异（表 2-23）。我国儿童室内空气综合暴露系数随年龄增长而降低，其中 0～2 月儿童室内空气综合暴露系数是 15～17 岁儿童的 2.5 倍；室外空气综合暴露系数 3 岁前随年龄增长而增加，而后随年龄增长而降低；水经皮肤综合暴露系数随年龄增长整体呈增加趋势，其中

15～17 岁儿童水经皮肤综合暴露系数是 0～2 月儿童的 2.2 倍；饮水综合暴露系数 1 岁前随年龄增长而增加，而后随年龄增长而降低；土壤经皮肤综合暴露系数随年龄增长整体呈降低趋势，其中 3 岁儿童土壤经皮肤综合暴露系数是 12～17 岁儿童的 3.8 倍。同年龄段男童的室外空气综合暴露系数和土壤经皮肤综合暴露系数均高于女童，前者分别是后者的 1.0～1.3 倍和 1.1～1.3 倍。同年龄段农村儿童的室外空气综合暴露系数和土壤经皮肤综合暴露系数均高于城市儿童，前者分别是后者的 1.1～1.5 倍和 1.0～2.0 倍。华南地区儿童的土壤经皮肤综合暴露系数最高，东北地区最低，前者是后者的 1.5～3.7 倍。

表 2-23　不同性别、城乡、地区和年龄儿童环境综合暴露系数

综合暴露系数	年龄	合计	性别		城乡		地区					
			男	女	城市	农村	华北	华东	华南	西北	东北	西南
室内空气	0～<3 月	0.558	0.568	0.547	0.564	0.554	0.565	0.562	0.546	0.564	0.577	0.551
	3～<6 月	0.553	0.563	0.541	0.560	0.547	0.567	0.557	0.534	0.556	0.586	0.557
	6～<9 月	0.547	0.554	0.537	0.550	0.544	0.553	0.544	0.528	0.551	0.589	0.553
	9 月～<1 岁	0.541	0.547	0.535	0.549	0.536	0.537	0.546	0.517	0.546	0.592	0.554
	1～<2 岁	0.453	0.458	0.448	0.459	0.449	0.445	0.455	0.443	0.453	0.486	0.464
	2～<3 岁	0.451	0.455	0.445	0.454	0.448	0.452	0.452	0.432	0.447	0.486	0.463
	3～<4 岁	0.460	0.470	0.449	0.458	0.462	0.460	0.445	0.469	0.459	0.477	0.470
	4～<5 岁	0.431	0.440	0.421	0.429	0.433	0.420	0.421	0.442	0.429	0.444	0.446
	5～<6 岁	0.409	0.418	0.398	0.405	0.413	0.406	0.395	0.427	0.405	0.412	0.420
	6～<9 岁	0.361	0.368	0.352	0.365	0.359	0.361	0.357	0.375	0.359	0.350	0.358
	9～<12 岁	0.349	0.358	0.339	0.351	0.348	0.343	0.342	0.369	0.349	0.332	0.355
	12～<15 岁	0.271	0.296	0.242	0.270	0.272	0.262	0.269	0.276	0.279	0.254	0.279
	15～<18 岁	0.232	0.253	0.209	0.231	0.233	0.228	0.230	0.236	0.231	0.217	0.237
	≥18 岁	0.220	0.230	0.220	0.220	0.210	0.200	0.220	0.220	0.210	0.220	0.220
室外空气	0～<3 月	0.020	0.020	0.020	0.017	0.022	0.012	0.019	0.030	0.012	0.001	0.026
	3～<6 月	0.037	0.035	0.039	0.032	0.042	0.024	0.037	0.052	0.032	0.004	0.032
	6～<9 月	0.049	0.049	0.049	0.047	0.051	0.045	0.054	0.064	0.044	0.008	0.041
	9 月～<1 岁	0.057	0.059	0.055	0.050	0.062	0.062	0.054	0.079	0.051	0.010	0.043
	1～<2 岁	0.054	0.056	0.053	0.049	0.058	0.064	0.053	0.063	0.054	0.022	0.042
	2～<3 岁	0.059	0.060	0.057	0.056	0.061	0.059	0.058	0.076	0.064	0.023	0.046

综合暴露系数	年龄	合计	性别		城乡		地区					
			男	女	城市	农村	华北	华东	华南	西北	东北	西南
室外空气	3～<4岁	0.055	0.056	0.053	0.047	0.061	0.054	0.051	0.063	0.065	0.025	0.055
	4～<5岁	0.047	0.050	0.043	0.039	0.053	0.048	0.043	0.052	0.059	0.023	0.048
	5～<6岁	0.043	0.044	0.041	0.038	0.047	0.045	0.042	0.042	0.055	0.025	0.041
	6～<9岁	0.029	0.030	0.028	0.025	0.031	0.027	0.034	0.024	0.035	0.028	0.031
	9～<12岁	0.029	0.030	0.027	0.025	0.031	0.025	0.033	0.028	0.036	0.026	0.032
	12～<15岁	0.022	0.025	0.019	0.017	0.025	0.018	0.022	0.023	0.029	0.016	0.024
	15～<18岁	0.017	0.020	0.015	0.016	0.018	0.016	0.016	0.017	0.021	0.015	0.017
	≥18岁	0.040	0.045	0.037	0.032	0.047	0.040	0.032	0.045	0.048	0.032	0.046
饮水	0～<3月	0.029	0.029	0.030	0.029	0.030	0.025	0.030	0.038	0.017	0.020	0.031
	3～<6月	0.043	0.045	0.040	0.048	0.038	0.034	0.051	0.047	0.027	0.028	0.036
	6～<9月	0.066	0.064	0.068	0.074	0.058	0.055	0.079	0.072	0.047	0.038	0.059
	9月～<1岁	0.084	0.085	0.083	0.090	0.080	0.067	0.092	0.094	0.051	0.041	0.095
	1～<2岁	0.083	0.083	0.083	0.087	0.079	0.081	0.087	0.092	0.055	0.048	0.089
	2～<3岁	0.061	0.059	0.063	0.066	0.056	0.062	0.067	0.069	0.047	0.038	0.050
	3～<4岁	0.056	0.056	0.057	0.056	0.057	0.059	0.058	0.066	0.046	0.036	0.047
	4～<5岁	0.049	0.049	0.049	0.050	0.048	0.054	0.052	0.049	0.038	0.033	0.046
	5～<6岁	0.045	0.044	0.045	0.047	0.043	0.047	0.048	0.043	0.038	0.030	0.044
	6～<9岁	0.046	0.046	0.047	0.044	0.047	0.047	0.045	0.048	0.042	0.029	0.055
	9～<12岁	0.037	0.036	0.037	0.035	0.037	0.038	0.035	0.039	0.040	0.024	0.038
	12～<15岁	0.030	0.030	0.031	0.028	0.032	0.032	0.028	0.030	0.025	0.020	0.035
	15～<18岁	0.026	0.027	0.026	0.024	0.027	0.027	0.026	0.023	0.019	0.019	0.034
	≥18岁	0.031	0.031	0.030	0.031	0.031	0.036	0.033	0.029	0.034	0.020	0.026
水经皮肤	0～<3月	0.005	0.004	0.005	0.005	0.003	0.004	0.005	0.009	0.001	0.014	0.006
	3～<6月	0.008	0.007	0.008	0.008	0.007	0.006	0.008	0.012	0.004	0.011	0.009
	6～<9月	0.008	0.008	0.009	0.009	0.005	0.007	0.009	0.012	0.004	0.010	0.009
	9月～<1岁	0.008	0.008	0.008	0.008	0.007	0.006	0.008	0.011	0.003	0.012	0.012
	1～<2岁	0.009	0.009	0.009	0.009	0.009	0.007	0.008	0.013	0.005	0.009	0.011
	2～<3岁	0.010	0.010	0.009	0.010	0.008	0.009	0.010	0.011	0.008	0.011	0.008
	3～<4岁	0.010	0.010	0.011	0.010	0.011	0.010	0.011	0.012	0.008	0.014	0.008
	4～<5岁	0.009	0.010	0.009	0.009	0.008	0.009	0.009	0.011	0.009	0.011	0.008
	5～<6岁	0.011	0.011	0.009	0.010	0.013	0.010	0.010	0.012	0.005	0.007	0.009

综合暴露系数	年龄	合计	性别		城乡		地区					
			男	女	城市	农村	华北	华东	华南	西北	东北	西南
水经皮肤	6～<9 岁	0.010	0.010	0.011	0.010	0.011	0.011	0.011	0.011	0.010	0.008	0.010
	9～<12 岁	0.011	0.011	0.011	0.011	0.011	0.011	0.011	0.011	0.014	0.009	0.012
	12～<15 岁	0.011	0.011	0.011	0.011	0.010	0.011	0.011	0.012	0.010	0.010	0.011
	15～<18 岁	0.011	0.010	0.011	0.012	0.008	0.009	0.010	0.010	0.007	0.013	0.012
	≥18 岁	0.003	0.003	0.003	0.004	0.003	0.002	0.004	0.005	0.002	0.002	0.002
土壤经皮肤	2～<3 岁	0.820	0.916	0.700	0.591	1.011	1.015	0.695	1.206	0.654	0.322	0.633
	3～<4 岁	0.795	0.888	0.682	0.539	1.013	0.927	0.555	1.271	0.942	0.457	0.584
	4～<5 岁	0.847	0.877	0.812	0.551	1.099	0.953	0.678	1.202	1.140	0.442	0.573
	5～<6 岁	0.730	0.813	0.634	0.492	0.922	0.834	0.500	1.198	0.950	0.386	0.558
	6～<9 岁	0.637	0.718	0.532	0.442	0.808	0.846	0.530	0.730	0.960	0.486	0.462
	9～<12 岁	0.418	0.437	0.395	0.378	0.434	0.486	0.275	0.571	0.461	0.220	0.401
	12～<15 岁	0.263	0.271	0.253	0.256	0.266	0.264	0.197	0.375	0.345	0.129	0.273
	15～<18 岁	0.216	0.225	0.206	0.183	0.237	0.257	0.192	0.263	0.215	0.166	0.163
	≥18 岁	0.187	0.187	0.187	0.232	0.162	0.223	0.146	0.353	0.096	0.162	0.168

（二）儿童是环境健康风险的敏感人群，不同年龄段儿童对环境介质的暴露敏感性不同

在污染物外暴露浓度水平相同的情况下，总体上儿童较成人面临更高的健康风险。从摄入量看，儿童的单位体重呼吸量（表 2-9）和单位体重饮水量（表 2-11）均高于成人，成人单位体重呼吸量和饮水量分别为 0.3 m^3/（kg·d）和 37.8 mL/（kg·d）；从行为模式看，我国儿童室内空气综合暴露系数是我国成人的 1.1～2.5 倍，水经皮肤综合暴露系数是成人的 1.6～3.5 倍，6 月～5 岁儿童室外空气综合暴露系数是成人的 1.1～1.5 倍，3～17 岁儿童饮水综合暴露系数是成人的 1.2～2.7 倍（表 2-23）；从生理特点看，儿童处于生长发育阶段，许多脏器、神经系统发育尚不完全，屏障功能差，有毒有害物质进入人体机会较成人更大，但肝脏解毒、肾脏排泄功能不足，毒性反应比成人大。

从出生到青春发育期，儿童环境暴露行为特点不尽相同。9 个月以下儿童室内空气暴露系数最高，9 月儿童饮水综合暴露系数较高，1～5 岁儿童室外空气综合暴

露系数和土壤经皮肤综合暴露系数较高，而 12～14 岁儿童的水经皮肤综合暴露系数最高。要关注不同年龄段儿童的环境暴露行为，采取有针对性的风险防范措施。

（三）我国儿童环境暴露行为模式与国外存在明显差异

对比《美国儿童暴露参数手册》（USEPA，2008），我国 1～17 岁儿童身体特征、摄入量及暴露时间与美国同年龄段儿童存在明显差异（表 2-24）。我国儿童室外空气综合暴露系数和饮水综合暴露系数均高于美国同年龄段儿童，分别是美国同年龄段儿童的 1.1～3.0 倍和 2.5～3.5 倍；水经皮肤综合暴露系数和土壤经皮肤综合暴露系数低于美国同年龄段儿童，分别是美国同年龄段儿童的 40%～70%和 10%～20%。

表 2-24　我国儿童综合暴露系数与美国的比较

分类			国家	年龄					
				1～<2 岁	2～<3 岁	3～<6 岁	6～<11 岁	11～<16 岁	16～<18 岁
综合暴露系数	空气	室内空气综合暴露系数	中国	0.453	0.451	0.434	0.351	0.267	0.231
			美国	0.659	0.629	0.520	0.337	0.233	0.200
		室外空气综合暴露系数	中国	0.054	0.059	0.048	0.029	0.021	0.017
			美国	0.018	0.036	0.044	0.036	0.018	0.016
	水	饮水综合暴露系数	中国	0.083	0.061	0.050	0.042	0.030	0.026
			美国	0.024	0.023	0.020	0.014	0.011	0.010
		水经皮肤综合暴露系数	中国	0.009	0.010	0.009	0.010	0.009	0.009
			美国	0.019	0.019	0.020	0.017	0.014	0.016
	土壤	土壤经皮肤综合暴露系数	中国	0.820	0.795	0.743	0.571	0.417	0.449
			美国	5.087	4.891	6.033	4.876	3.736	3.087
		土壤经口综合暴露系数	中国	—	—	0.004	0.004	0.002	0.002
			美国	0.009	0.007	0.005	0.003	0.002	0.002
暴露参数	身体特征	体重/kg	中国	11.2	13.5	17.5	28.9	46.0	54.89
			美国	11.4	13.8	18.6	31.8	56.8	71.6
		体表面积/m^2	中国	0.52	0.61	0.74	1.05	1.43	1.614
			美国	0.5	0.6	0.8	1.1	1.6	1.84
	摄入量	呼吸量/（m^3/d）	中国	5.7	6.3	8.4	11.3	13.6	14.03
			美国	8	9.5	10.9	12.4	15.1	16.5

分类			国家	年龄					
				1～<2岁	2～<3岁	3～<6岁	6～<11岁	11～<16岁	16～<18岁
暴露参数	摄入量	饮水量/（mL/d）	中国	911	809	858	1 215	1 373	1 392
			美国	271	317	380	447	606	731
		土壤/尘摄入量/（mg/d）	中国	—	—	72	103	86	86
			美国	100	100	100	100	100	100
	暴露时间	洗澡时间/（min/d）	中国	8	9	9	10	11	10
			美国	23	23	24	24	25	33
		游泳时间/（min/月）	中国	61	63	95	173	218	238
			美国	105	116	137	151	139	145
		室内活动时间/（min/d）	中国	1 285	1 279	1 281	1 297	1 300	1 301
			美国	1 353	1 316	1 278	1 244	1 260	1 248
		室外活动时间/（min/d）	中国	155	157	141	105	102	96
			美国	36	76	107	132	100	102
		土壤接触时间/（min/d）	中国	38	37	39	23	19	22
			美国*	167	162	202	203	191	173

*注：美国暴露参数手册中的土壤接触时间指儿童在沙石或草地上玩耍的时间。

（四）在环境管理中的应用

本调查获得的儿童暴露参数，可应用于环境基准、健康风险评价等过程，提高环境管理和决策的科学性。应用案例见专栏 1、专栏 2 和专栏 3。

专栏 1　基于我国人群空气综合暴露特征的苯并[a]芘健康风险研究

目的：以大气中苯并[*a*]芘为例，说明暴露参数对健康风险评价结果的影响。

方法：根据经呼吸暴露途径的健康风险评价公式（2-1），将本调查所获各年龄段儿童室外空气综合暴露系数，以及美国儿童、美国成人和我国成人室外空气综合暴露系数代入式中，讨论在相同的苯并[*a*]芘暴露浓度条件下，国内外儿童和成人健康风险水平的差异。

$$R=C \times EI_{air} \times SF \quad (2\text{-}1)$$

式中：R——风险水平，量纲为 1；

C——苯并[a]芘的日均浓度，ng/m^3；

EI_{air}——空气综合暴露系数，m^3/（kg·d）；

SF——致癌斜率因子，苯并[a]芘为 7.3[mg/（kg·d）]$^{-1}$。

结果：假设苯并[a]芘暴露浓度为 10 ng/m^3 时，采用我国儿童环境暴露行为模式参数计算得到的健康风险结果，与我国成人以及国外同年龄段儿童相比均存在较大差异（表 2-25）。我国儿童的健康风险水平高于美国同年龄段儿童和我国成人，分别是美国同年龄段儿童和我国成人的 1.1 ~ 3.1 倍和 1.1 ~ 1.5 倍，其中 2 岁儿童的健康风险水平最高（4.31×10^{-6}）。

表 2-25　苯并[a]芘健康风险评价结果比较

年龄	室外空气综合暴露系数		风险值	
	中国	美国	中国	美国
1 ~ <2 岁	0.054	0.018	3.95×10^{-6}	1.28×10^{-6}
2 ~ <3 岁	0.059	0.036	4.31×10^{-6}	2.65×10^{-6}
3 ~ <6 岁	0.048	0.044	3.54×10^{-6}	3.18×10^{-6}
6 ~ <11 岁	0.047	0.036	3.41×10^{-6}	2.61×10^{-6}
11 ~ <16 岁	0.045	0.018	3.26×10^{-6}	1.35×10^{-6}
16 ~ <18 岁	0.042	—	3.08×10^{-6}	—
≥18 岁（成人）	0.040	0.036	2.92×10^{-6}	2.64×10^{-6}

讨论：我国儿童室外空气综合暴露系数高于我国成人和美国同年龄段儿童，在大气污染物浓度相同的情况下，我国儿童健康风险水平高于美国同年龄段儿童和成人。暴露参数在健康风险评价中起着重要的作用，直接引用国外儿童或成人暴露参数评价我国儿童环境健康风险会产生较大偏差，在儿童健康风险评价中应优先使用我国儿童暴露参数。

专栏 2　基于我国人群暴露特征的饮用水健康基准值推导

目的：以饮用水中苯并[*a*]芘和硝基苯为例，说明本调查所获参数在饮用水健康基准推导中的作用。

方法：按饮用水中污染物分为无阈（致癌性物质）和有阈（非致癌性物质）化合物，将本调查所获得各年龄段儿童的饮水综合暴露系数，以及美国儿童、成人和我国成人饮水综合暴露系数代入公式（2-2）和公式（2-3），分别推导饮用水苯并[*a*]芘和硝基苯的基准值。

$$C = R/（SF \times EI_{water}）\tag{2-2}$$

式中：*C*——饮用水中某污染物的基准值，mg/L；

R——最大可接受风险，取 10^{-4}（USEPA，1991）；

SF——致癌斜率因子，苯并[*a*]芘为 7.3[mg/（kg·d）]$^{-1}$；

EI_{water}——饮水综合暴露系数，L/（kg·d）。

$$C = RfD/EI_{water}\tag{2-3}$$

式中：RfD ——参考剂量，硝基苯取 0.002 mg/（kg·d）；

C 和 EI_{water} 同上。

结果：基于我国儿童环境暴露行为模式的苯并[*a*]芘和硝基苯环境基准值均低于美国同年龄段儿童（表 2-26）。我国 1 岁儿童的苯并[*a*]芘和硝基苯的基准推导值均为最低，分别是美国同年龄段儿童的 0.3 和 0.4 倍，是我国成人的 0.4 和 0.5 倍。

表 2-26　饮水健康基准值推导结果比较

年龄	饮水综合暴露系数/[L/（kg·d）]		苯并[*a*]芘的基准推导值/（mg/L）		硝基苯的基准推导值/（mg/L）	
	中国	美国	中国	美国	中国	美国
1～<2 岁	0.083	0.024	0.17×10^{-3}	0.57×10^{-3}	0.03	0.08
2～<3 岁	0.061	0.023	0.22×10^{-3}	0.60×10^{-3}	0.03	0.09
3～<6 岁	0.050	0.020	0.28×10^{-3}	0.68×10^{-3}	0.04	0.10
6～<11 岁	0.042	0.014	0.33×10^{-3}	0.98×10^{-3}	0.05	0.14
11～<16 岁	0.030	0.011	0.46×10^{-3}	1.25×10^{-3}	0.07	0.18
16～<18 岁	0.026	—	0.53×10^{-3}	—	0.08	—
≥18 岁（成人）	0.031	0.013	0.44×10^{-3}	1.05×10^{-3}	0.06	0.15

讨论：在同样的健康风险水平下，基于我国各年龄段儿童暴露参数推导的环境健康基准严于我国成人及美国儿童，幼儿尤为严格。在研究污染物环境健康基准时，应优先采用我国人群暴露参数，在综合分析污染物主要健康效应、人体生长发育特点和敏感人群的基础上，采用有利于使更大范围人群健康受到保护的基准值。

专栏3　基于我国人群暴露特征的污染场地健康风险评价（土壤/尘摄入量）

目的：以土壤中铅暴露为例，说明暴露参数对健康风险评价结果的影响。

方法：根据经口和经皮肤接触途径健康风险评价公式（2-4），将本调查得到的各年龄段儿童土壤经口和经皮肤综合暴露系数，以及美国儿童土壤经口和经皮肤综合暴露系数代入式中，讨论在相同暴露浓度条件下，国内外儿童健康风险水平的差异。

$$R=C\times(EI_{s\text{-}o}/Rfd_{oral}+EI_{s\text{-}s}/Rfd_{surface})\times 10^{-6} \tag{2-4}$$

式中：C——土壤中铅的浓度，mg/kg；

R——风险水平，量纲为1；

Rfd_{oral}——铅经口暴露参考剂量，1.4×10^{-3}[mg/（kg·d）]；

$Rfd_{surface}$——铅经皮肤暴露参考剂量，1.4×10^{-3}[mg/（kg·d）]；

$EI_{s\text{-}o}$——土壤经口综合暴露系数，g/（kg·d）；

$EI_{s\text{-}s}$——土壤经皮肤综合暴露系数，mg/（kg·d）。

结果：假设铅暴露浓度为300 mg/kg时，我国3～15岁儿童土壤铅暴露的健康风险水平是美国同年龄段儿童的0.4～0.6倍（表2-27）。

表2-27　铅健康风险评价结果比较

年龄	土壤经口综合暴露系数		土壤经皮肤综合暴露系数		风险值	
	中国	美国	中国	美国	中国	美国
3～<6岁	0.004	0.005	0.743	6.033	1.02×10^{-6}	2.36×10^{-6}
6～<11岁	0.004	0.003	0.571	4.876	0.98×10^{-6}	1.69×10^{-6}
11～<16岁	0.002	0.002	0.417	3.736	0.52×10^{-6}	1.23×10^{-6}

讨论：在污染物水平相同的情况下，由于中美各年龄段儿童土壤经口和经皮肤综合暴露系数的差异，我国儿童的健康风险评价水平低于美国同年龄段儿童。所以在儿童健康风险评价中应优先使用我国儿童暴露参数。

第三节　与污染源相关的暴露特征

一、与传统型污染相关的暴露特征

（一）与室内固体燃料相关的暴露特征

我国有 26.8%儿童暴露于使用固体燃料做饭或取暖的室内环境，从城乡分布看，农村高于城市（表 2-28）；从地区分布看，西北地区儿童暴露的人数比例最高，华东地区最低。

表 2-28　不同城乡、地区和年龄儿童暴露于使用固体燃料做饭或取暖的室内环境的人数比例

单位：%

年龄	合计	城乡		地区					
		城市	农村	华北	华东	华南	西北	东北	西南
合计	26.8	18.0	32.1	26.4	17.7	27.7	66.2	31.2	19.7
0～<3 岁	17.1	7.5	24.9	17.6	12.5	18.8	25.3	56.7	8.0
3～<6 岁	22.0	11.3	30.9	28.6	15.6	21.2	41.2	64.7	7.4
6～<12 岁	20.4	13.2	23.6	19.4	17.4	20.2	42.9	10.8	26.6
12～<18 岁	38.2	30.0	43.1	39.8	23.2	40.2	82.4	35.2	23.0

注：固体燃料包括煤和生物质燃料（柴草、炭、木头、动物粪便等）。

（二）与饮用水相关的暴露特征

我国有 12.7%的儿童直接取用未经基础卫生设施集中处理的地下水、地表水或窖水作为饮用水（表 2-29），有 0.5%的儿童直接在地表水体中洗澡（表 2-30），有 3.2% 的 3～17 岁儿童直接在地表水体中游泳（表 2-31）。

表 2-29　不同城乡、地区和年龄儿童直接饮用未经基础卫生设施集中处理的水的人数比例

单位：%

年龄	合计	城乡		地区					
		城市	农村	华北	华东	华南	西北	东北	西南
合计	12.7	4.6	17.7	16.0	13.8	16.7	7.7	12.5	6.0
0～<3 岁	22.2	5.2	36.2	42.4	18.9	25.0	9.1	26.4	3.7
3～<6 岁	22.9	6.3	36.8	43.8	18.3	23.3	10.0	27.8	8.9
6～<12 岁	7.2	2.8	9.2	5.0	11.0	12.8	7.5	5.7	3.1
12～<18 岁	8.8	4.5	11.3	6.7	9.4	12.7	7.0	9.9	7.6

注：未经基础卫生设施集中处理的水包括地下水、地表水和窖水。

表 2-30　不同城乡、地区和年龄儿童直接在地表水体中洗澡的人数比例

单位：%

年龄	合计	城乡		地区					
		城市	农村	华北	华东	华南	西北	东北	西南
合计	0.5	0.5	0.5	0.4	0.3	0.7	0.5	0.4	0.9
0～<3 岁	0	0	0.1	0	0	0.1	0	0.3	0.1
3～<6 岁	0.1	0.1	0.2	0.4	0.1	0.1	0	0.1	0
6～<12 岁	0.3	0.5	0.2	0.2	0.3	0.6	0.2	0.2	0.1
12～<18 岁	1.1	1.1	1.2	1.0	0.6	1.3	0.8	0.8	1.9

表 2-31　不同城乡、地区和年龄儿童在地表水体中游泳的人数比例

单位：%

年龄	合计	城乡		地区					
		城市	农村	华北	华东	华南	西北	东北	西南
合计	3.2	5.9	1.5	1.0	3.7	4.3	1.1	0.6	5.7
3～<6 岁	3.6	7.4	0.5	3.3	5.2	5.2	0.5	0.2	1.6
6～<12 岁	2.3	4.9	1.2	0.2	3.6	3.9	2.5	0.5	4.4
12～<18 岁	4.7	8.0	2.7	1.1	4.6	5.7	1.1	1.1	9.4

注：3 岁及以上儿童开始具备学习游泳的能力。

（三）与裸露土壤相关的暴露特征

我国有40.5%儿童户外活动场所地面为土地、草地、沙石和煤渣等裸露土壤（表2-32）。从城乡来看，农村儿童直接在裸露土壤上活动的人数比例高于城市。从地区分布看，西南地区所占比例最高，华东最低。

表 2-32　不同城乡、地区和年龄儿童活动场所裸露土壤情况

单位：%

年龄	合计	城乡		地区					
		城市	农村	华北	华东	华南	西北	东北	西南
合计	40.5	34.0	44.5	42.7	31.5	39.6	43.6	41.4	47.3
0～<3岁	31.6	20.5	40.7	40.8	22.2	30.5	39.3	71.5	24.6
3～<6岁	33.3	24.1	41.0	39.4	27.3	26.2	43.2	76.8	28.4
6～<12岁	40.9	39.2	41.6	41.9	36.7	45.3	42.0	23.6	48.2
12～<18岁	47.1	42.7	49.8	46.3	37.0	45.9	44.8	38.7	59.6

二、与现代型污染相关的暴露特征

（一）与工业企业污染源相关的暴露特征

我国有13.6%的儿童主要活动场所周边1 km范围内有石油、石化、炼焦等7类工业企业（表2-33）。其中，3岁以下儿童主要活动场所周边1 km范围内有工业企业的人数比例低于3岁以上儿童。从城乡分布来看，除3～6岁儿童外，城市儿童主要活动场所周边1 km范围内有工业企业的人数比例普遍高于农村。从地区分布看，华东最高，西北最低，总体上前者是后者的2.1倍。

表 2-33 不同城乡、地区和年龄儿童活动场所周边工业企业分布情况

单位：%

年龄	合计	城乡		地区					
		城市	农村	华北	华东	华南	西北	东北	西南
合计	13.6	14.6	13.0	13.5	15.5	15.3	7.5	10.7	13.1
0～<3 岁	5.1	6.7	3.7	4.0	7.1	4.2	4.0	10.3	2.4
3～<6 岁	34.2	24.5	42.2	36.4	36.9	29.6	24.5	27.0	37.5
6～<12 岁	10.1	12.1	9.2	9.8	7.0	14.0	9.8	6.6	12.1
12～<18 岁	11.2	15.0	8.9	12.7	13.5	14.9	4.6	9.7	9.4

（二）与交通污染相关的暴露特征

我国有 14.6%儿童主要活动场所周边 50 m 范围内有交通干道（高速公路、国道、省道）分布（表 2-34）。其中，6 岁以下儿童主要活动场所周边 50 m 范围内有交通干道的人数比例低于 6 岁及以上儿童。从城乡分布来看，城市地区主要活动场所周边 50 m 范围内有交通干道的儿童比例高于农村。从地区分布看，总体上华北最高，东北最低，前者是后者的 1.5 倍。

表 2-34 不同城乡、地区和年龄儿童活动场所周边交通干道分布情况

单位：%

年龄	合计	城乡		地区					
		城市	农村	华北	华东	华南	西北	东北	西南
合计	14.6	19.7	11.5	17.1	13.2	15.6	13.0	10.7	14.0
0～<3 岁	6.4	9.2	4.1	9.2	6.7	3.8	8.0	9.2	4.3
3～<6 岁	7.0	10.6	4.1	9.0	8.7	5.4	8.3	8.0	3.1
6～<12 岁	17.1	21.3	15.3	18.4	14.4	17.0	29.3	10.2	18.9
12～<18 岁	19.3	28.8	13.6	22.8	20.0	24.7	11.4	13.3	17.4

三、综合分析

根据第六次全国人口普查数据进行推算①，调查期间我国有 0.75 亿儿童暴露于使用固体燃料做饭和取暖所带来的室内空气污染，其中 0.56 亿为农村儿童；有 0.35 亿儿童直接取用地表水、地下水或窖水作为饮用水，其中 0.31 亿为农村儿童；有 1.13 亿儿童户外活动场所地面为土地、草地、沙石和煤渣等裸露土壤，其中 0.77 亿为农村儿童；有 0.38 亿儿童主要活动场所周边 1 km 范围内有石化、炼焦等重点关注的排污企业，其中 0.23 亿为农村儿童；有 0.41 亿儿童主要活动场所周边 50 m 范围内有交通干道，其中 0.20 亿为城市儿童。儿童是环境污染暴露的敏感人群，采取有效措施防范儿童暴露空气、水和土壤污染带来的健康风险，不仅直接关系到儿童身体健康，更关系到国家的发展和民族的未来。

第四节　与环境健康风险相关的暴露特征

一、与烟气摄入相关的暴露特征

（一）烹调油烟暴露情况

我国儿童平均每天接触家庭烹调油烟的时间为 11 min（表 2-35）。从年龄分布看，5 岁儿童接触烹调油烟时间最短，为 2 min/d，15 岁以上儿童接触烹调油烟的时间最长，为 18 min/d；从城乡分布看，农村儿童接触烹调油烟时间高于城市儿童；从地区分布看，西南地区儿童接触烹调油烟时间最高，华东地区最低。

①根据第六次全国人口普查，我国 0～17 岁儿童共有 2.79 亿，其中：城市 1.05 亿，农村 1.74 亿。1～17 岁儿童共 2.65 亿，其中，城市 0.99 亿，农村 1.66 亿。3～17 岁儿童共 2.34 亿，其中，城市 0.85 亿，农村 1.49 亿。

表 2-35　不同性别、城乡、地区和年龄儿童平均每天烹调油烟暴露的时间

单位：min/d

年龄	合计	性别		城乡		地区					
		男	女	城市	农村	华北	华东	华南	西北	东北	西南
合计	11	10	11	10	11	10	7	12	12	8	13
1～<2 岁	5	5	5	4	6	5	5	6	8	3	4
2～<3 岁	5	5	5	4	6	6	4	6	9	4	5
3～<4 岁	5	5	4	3	6	5	5	4	8	3	4
4～<5 岁	3	2	4	3	3	3	3	2	5	3	3
5～<6 岁	2	2	2	2	2	2	1	2	3	2	2
6～<9 岁	6	6	6	4	6	7	4	6	6	3	6
9～<12 岁	11	10	11	11	10	10	6	13	17	9	14
12～<15 岁	16	15	17	16	16	16	12	16	20	13	18
15～<18 岁	18	17	20	19	18	19	13	24	12	19	22

（二）二手烟暴露

我国儿童平均每天二手烟暴露的时间为 6 min（表 2-36）。儿童二手烟暴露时间的年龄和性别分布无明显差异；从城乡分布看，农村儿童暴露二手烟的时间略高于城市儿童；从地区分布看，总体上东北地区儿童暴露二手烟时间最长，华东地区最短。

表 2-36　不同性别、城乡、地区和年龄儿童平均每天二手烟暴露时间

单位：min/d

年龄	合计	性别		城乡		地区					
		男	女	城市	农村	华北	华东	华南	西北	东北	西南
合计	6	6	6	6	6	6	5	6	6	7	6
1～<2 岁	4	4	4	4	4	4	3	6	4	3	4
2～<3 岁	6	6	5	5	6	5	5	6	7	6	6
3～<4 岁	4	4	5	4	5	5	4	4	6	5	5
4～<5 岁	6	7	6	6	6	6	7	4	9	6	6
5～<6 岁	5	5	4	4	5	5	4	5	6	7	4

年龄	合计	性别		城乡		地区					
		男	女	城市	农村	华北	华东	华南	西北	东北	西南
6～<9 岁	5	5	5	5	5	5	4	5	6	6	6
9～<12 岁	6	6	5	5	6	6	4	6	5	7	7
12～<15 岁	6	7	6	6	7	7	5	6	6	8	7
15～<18 岁	7	8	7	8	7	11	6	9	5	9	7

二、与经口摄入相关的暴露特征

（一）进食前洗手行为

我国有 83.3%的儿童进食前经常洗手，儿童进食前经常洗手的人数比例随年龄增长总体呈增加趋势（表 2-37）。从性别分布看，男童进食前经常洗手的人数比例总体低于女童；从城乡分布看，城市儿童进食前经常洗手的人数比例高于农村；从地区分布看，西南和西北地区儿童进食前经常洗手的人数比例总体低于华北、华南、华东和东北地区。

表 2-37　不同性别、城乡、地区和年龄儿童进食前经常洗手的人数比例

单位：%

年龄	合计	性别		城乡		地区					
		男	女	城市	农村	华北	华东	华南	西北	东北	西南
合计	83.3	83.2	83.5	84.9	82.4	89.0	84.5	83.7	82.9	86.4	74.2
1～<2 岁	66.9	66.7	67.1	74.0	61.1	67.7	74.9	73.2	53.4	75.6	45.6
2～<3 岁	75.9	76.5	75.2	84.4	69.0	83.4	84.1	75.8	60.4	79.4	57.7
3～<4 岁	81.6	80.9	82.4	88.8	75.5	85.1	89.8	84.6	60.5	79.6	66.5
4～<5 岁	80.3	79.0	81.7	88.0	74.1	82.2	88.0	82.3	68.6	80.6	66.0
5～<6 岁	75.7	76.7	74.5	82.4	69.9	77.8	84.6	76.9	63.1	65.4	63.8
6～<9 岁	89.7	89.8	89.6	90.9	89.2	94.2	88.6	89.6	81.7	96.2	79.9
9～<12 岁	89.3	89.3	89.3	89.2	89.3	93.9	87.5	90.0	83.8	93.2	81.0
12～<15 岁	86.0	86.5	85.5	84.9	86.8	91.5	83.4	86.2	79.6	90.4	84.1
15～<18 岁	81.7	80.9	82.6	80.9	82.2	87.4	81.0	79.4	92.6	73.3	73.7

（二）手口接触行为

我国儿童具有手口接触行为的人数比例、手口接触频次和接触时间总体呈随年龄增长而降低的趋势。我国 3～5 月儿童具有手口接触行为的人数比例最高（表 2-38），为 56.5%，手口接触频次最高（表 2-39），为 7 次/d；接触时间也最长（表 2-40），为 10 min/d。从城乡分布看，城市儿童具有手口接触行为的人数比例、接触频次和接触时间均高于农村地区。

表 2-38　不同性别、城乡、地区和年龄儿童手口接触人数比例

单位：%

年龄	合计	性别		城乡		地区					
		男	女	城市	农村	华北	华东	华南	西北	东北	西南
0～<3 月	29.6	28.2	31.2	37.2	24.0	33.8	30.1	37.4	17.8	40.0	18.3
3～<6 月	56.5	55.1	58.1	71.0	43.0	64.8	63.7	52.8	49.0	63.6	38.7
6～<9 月	56.4	56.4	56.5	67.3	47.0	58.2	62.3	65.4	47.1	53.1	36.4
9 月～<1 岁	40.5	38.9	42.3	46.0	36.6	41.9	43.6	47.3	31.1	54.6	25.0
1～<2 岁	28.5	26.9	30.5	36.1	22.3	28.1	29.5	35.9	22.7	25.5	22.2
2～<3 岁	17.1	17.8	16.3	20.6	14.2	17.0	18.5	20.4	13.7	16.3	12.5
3～<4 岁	16.2	16.6	15.8	20.9	12.2	18.1	16.7	17.7	15.2	12.3	12.6
4～<5 岁	11.3	11.7	10.9	14.4	8.9	16.7	9.8	15.4	7.7	8.1	5.2
5～<6 岁	8.7	8.5	9.1	11.6	6.3	10.0	8.9	11.0	5.1	5.7	6.8
6～<9 岁	9.4	9.1	9.8	12.9	8.0	9.1	6.3	9.4	9.6	18.1	9.1
9～<12 岁	12.0	11.5	12.6	12.9	11.6	14.0	8.8	9.9	9.6	15.6	12.2
12～<15 岁	10.5	9.9	11.2	12.1	9.5	12.9	15.0	10.4	4.0	13.7	5.8
15～<18 岁	9.5	10.3	8.6	9.1	9.7	15.2	10.5	10.1	3.4	11.9	8.6

表 2-39　不同性别、城乡、地区和年龄儿童手口接触频次

单位：次/d

年龄	合计	性别		城乡		地区					
		男	女	城市	农村	华北	华东	华南	西北	东北	西南
0～<3 月	6	6	5	7	4	7	7	4	4	5	3
3～<6 月	7	7	6	8	5	7	8	5	5	7	4
6～<9 月	5	6	5	6	5	6	6	5	4	6	4

年龄	合计	性别		城乡		地区					
		男	女	城市	农村	华北	华东	华南	西北	东北	西南
9月～<1岁	5	5	5	5	4	5	6	4	4	5	3
1～<2岁	4	4	3	4	4	4	4	4	3	4	3
2～<3岁	3	3	3	3	3	3	3	4	3	3	3
3～<4岁	3	3	3	3	3	3	4	3	3	3	3
4～<5岁	3	4	3	3	3	3	3	3	4	3	3
5～<6岁	3	3	3	3	3	3	3	3	3	3	3
6～<9岁	3	3	3	3	2	2	3	3	3	2	3
9～<12岁	3	3	3	4	3	3	4	3	2	3	3
12～<15岁	3	4	3	4	3	3	4	3	5	4	2
15～<18岁	4	4	3	4	3	4	5	4	3	4	3

注：指具有手口接触行为儿童的手口接触频次。

表 2-40　不同性别、城乡、地区和年龄儿童手口接触时间

单位：min/d

年龄	合计	性别		城乡		地区					
		男	女	城市	农村	华北	华东	华南	西北	东北	西南
0～<3月	6	7	5	6	6	7	6	5	6	5	5
3～<6月	10	12	8	11	8	16	10	7	8	9	6
6～<9月	8	9	6	9	6	9	9	5	7	7	5
9月～<1岁	5	4	5	4	5	5	6	3	5	6	5
1～<2岁	5	6	5	5	6	7	5	5	6	7	5
2～<3岁	5	5	5	5	5	6	5	4	6	7	4
3～<4岁	5	5	6	6	5	5	7	4	7	4	4
4～<5岁	5	5	5	4	6	7	4	4	9	6	4
5～<6岁	4	3	4	3	5	5	3	3	5	6	4
6～<9岁	6	5	7	5	6	7	6	4	4	8	4
9～<12岁	5	5	4	5	4	4	5	5	4	5	6
12～<15岁	6	5	6	6	5	6	6	5	6	4	6
15～<18岁	6	7	6	6	6	5	6	5	6	5	9

注：指具有手口接触行为儿童的手口接触时间。

（三）物口接触行为

我国儿童物口接触行为人数比例、物口接触频次和接触时间总体呈现随年龄增长而降低的趋势。其中，我国 6～9 月儿童具有物口接触行为的人数比例最高（表 2-41），为 46.9%，并且该年龄段儿童的物口接触频次（表 2-42）较高，为 5 次/d，接触时间（表 2-43）也较长，为 6 min/d。从性别分布看，男童具有物口接触的人数比例、接触频次和接触时间总体高于女童；从城乡分布看，城市儿童物口接触人数比例总体高于农村；从地区分布看，华北、东北和华东地区儿童的物口接触人数比例总体高于华南、西北和西南。

表 2-41　不同性别、城乡、地区和年龄儿童物口接触人数比例

单位：%

年龄	合计	性别		城乡		地区					
		男	女	城市	农村	华北	华东	华南	西北	东北	西南
3～<6 月	33.2	31.9	34.7	42.0	24.9	33.8	41.2	25.7	21.8	41.4	29.1
6～<9 月	46.9	48.3	45.1	59.7	35.7	52.3	59.7	42.7	32.2	44.2	26.3
9 月～<1 岁	39.0	36.7	41.6	55.0	27.7	42.0	51.9	31.6	31.0	38.8	22.2
1～<2 岁	25.0	25.9	24.0	33.9	17.7	27.9	26.9	26.5	17.8	21.1	19.7
2～<3 岁	12.3	13.8	10.6	15.3	9.9	13.0	13.2	13.3	10.0	7.8	11.4
3～<4 岁	8.3	8.5	8.1	11.3	5.8	9.2	8.2	8.9	8.6	4.3	7.8
4～<5 岁	6.2	6.9	5.5	7.3	5.4	9.0	5.4	7.6	5.8	4.7	3.4
5～<6 岁	4.6	5.4	3.5	5.0	4.2	6.0	4.5	4.5	4.2	2.9	4.0
6～<9 岁	6.9	7.8	5.9	7.5	6.6	7.1	3.2	6.5	7.5	13.6	7.4
9～<12 岁	6.9	7.4	6.3	6.8	6.9	8.8	4.3	5.1	10.9	7.0	7.1
12～<15 岁	6.3	6.1	6.5	6.1	6.4	7.7	6.2	7.2	3.6	7.9	4.6
15～<18 岁	7.3	7.9	6.6	5.8	8.1	10.9	6.6	4.3	2.9	10.8	9.7

表 2-42　不同性别、城乡、地区和年龄儿童物口接触频次

单位：次/d

年龄	合计	性别		城乡		地区					
		男	女	城市	农村	华北	华东	华南	西北	东北	西南
3～<6 月	5	5	5	5	4	5	6	4	4	6	3
6～<9 月	5	5	5	6	4	6	5	5	4	5	4

年龄	合计	性别		城乡		地区					
		男	女	城市	农村	华北	华东	华南	西北	东北	西南
9月～<1岁	5	5	5	5	4	5	5	4	4	5	3
1～<2岁	3	3	3	4	3	3	3	3	3	4	3
2～<3岁	3	3	3	3	3	2	3	4	3	3	3
3～<4岁	3	3	3	3	3	3	3	3	3	3	3
4～<5岁	3	3	2	3	2	3	2	2	3	3	3
5～<6岁	2	2	3	3	2	3	2	3	2	2	2
6～<9岁	3	3	3	3	3	3	3	4	2	2	3
9～<12岁	3	3	2	4	2	2	6	3	2	2	3
12～<15岁	3	4	3	4	3	3	6	3	3	3	2
15～<18岁	2	3	2	3	2	3	3	2	3	2	1

注：指具有物口接触行为儿童的物口接触频次。

表 2-43　不同性别、城乡、地区和年龄儿童物口接触时间

单位：min/d

年龄	合计	性别		城乡		地区					
		男	女	城市	农村	华北	华东	华南	西北	东北	西南
3～<6月	5	6	4	5	6	8	5	4	6	7	5
6～<9月	6	7	6	6	6	8	7	4	7	8	4
9月～<1岁	5	4	5	5	4	5	5	4	4	7	4
1～<2岁	5	6	3	5	4	5	4	4	5	7	4
2～<3岁	4	4	4	4	4	4	4	4	5	6	3
3～<4岁	3	3	3	3	3	3	3	2	3	5	3
4～<5岁	3	3	3	2	4	4	2	3	5	2	1
5～<6岁	4	4	4	4	4	5	4	4	4	3	2
6～<9岁	6	5	7	3	4	6	4	5	4	6	4
9～<12岁	4	5	3	5	6	3	4	4	4	6	5
12～<15岁	5	5	4	5	4	5	5	5	9	4	4
15～<18岁	4	5	4	5	5	5	5	4	5	4	4

注：指具有物口接触行为儿童的物口接触时间。

三、与电磁辐射相关的暴露特征

我国儿童看电视、使用手机、台式电脑和平板电脑的人数比例和时间分别见表 2-44 和表 2-45。从看电视行为来看，4 岁儿童看电视人数比例最高、时间最长，分别为 93.7%和 76 min/d；从手机使用来看，15 岁以上儿童使用手机比例最高、时间最长，分别为 75.1%和 42 min/d；从使用台式电脑和平板电脑行为来看，9 岁以上儿童使用台式电脑、平板电脑的人数比例分别达 50%、14%以上，使用时间均大于 20 min/d。从城乡分布看，城市 3 岁以下儿童看电视人数比例高于农村儿童，各年龄段与手机、台式电脑和平板电脑接触的人数比例均高于农村。从地区分布看，同年龄段西北地区儿童与手机、台式电脑、平板电脑接触的人数比例最低、接触时间最短。

表 2-44　不同性别、城乡、地区和年龄儿童与电子设备接触的人数比例

单位：%

类别	年龄	合计	性别		城乡		地区					
			男	女	城市	农村	华北	华东	华南	西北	东北	西南
看电视	1～<2 岁	66.5	63.9	69.7	75.2	59.4	62.8	76.3	64.8	56.8	80.6	53.8
	2～<3 岁	86.2	85.9	86.4	90.0	83.0	83.9	90.7	84.7	80.5	87.1	84.5
	3～<4 岁	91.6	92.4	90.7	91.3	91.9	90.9	91.6	93.0	90.4	93.6	90.5
	4～<5 岁	93.7	93.3	94.2	93.1	94.2	93.4	94.6	93.3	94.1	92.9	92.9
	5～<6 岁	86.8	88.6	84.6	86.4	87.2	89.1	88.8	80.6	84.7	83.0	89.3
	6～<9 岁	90.8	90.9	90.8	88.1	91.9	92.8	91.4	85.9	91.3	91.8	89.5
	9～<12 岁	88.5	86.9	90.3	87.1	89.1	88.6	89.0	85.7	90.0	88.0	90.7
	12～<15 岁	85.6	84.8	86.6	84.0	86.7	87.5	88.4	82.0	85.5	87.3	85.1
	15～<18 岁	75.4	74.3	76.5	73.6	76.4	72.3	78.2	75.5	75.9	60.3	77.6
与手机接触	1～<2 岁	26.1	23.9	28.8	42.7	12.6	22.6	35.7	28.2	18.7	29.1	12.0
	2～<3 岁	31.0	31.6	30.4	50.0	15.4	28.3	39.1	32.3	26.2	35.6	19.7
	3～<4 岁	32.7	32.5	32.9	50.3	17.8	29.8	39.4	33.8	26.7	33.3	24.6
	4～<5 岁	35.3	37.1	33.1	51.1	22.6	31.4	43.2	35.7	29.7	28.6	29.9
	5～<6 岁	31.7	33.3	29.7	45.3	19.9	31.4	37.3	28.0	27.4	26.6	29.0

类别	年龄	合计	性别		城乡		地区					
			男	女	城市	农村	华北	华东	华南	西北	东北	西南
与手机接触	6～<9岁	40.3	42.5	37.6	53.6	34.8	35.8	29.6	51.5	51.2	46.2	47.0
	9～<12岁	49.4	49.0	49.8	60.7	44.2	47.9	41.2	57.0	51.0	47.4	53.2
	12～<15岁	61.2	59.9	62.7	67.9	57.0	59.8	59.9	63.9	45.7	72.3	63.1
	15～<18岁	75.1	74.9	75.3	77.6	73.7	68.6	77.4	76.4	57.8	80.2	88.3
与台式电脑接触	1～<2岁	5.3	5.4	5.2	9.7	1.7	4.6	6.2	7.9	2.7	3.9	3.3
	2～<3岁	9.7	9.7	9.6	17.7	3.1	10.1	11.8	10.4	4.2	9.0	6.7
	3～<4岁	14.0	14.0	14.1	23.3	6.2	12.8	20.8	13.2	4.5	9.4	9.5
	4～<5岁	16.1	16.9	15.2	24.7	9.3	14.3	20.5	19.3	5.9	11.1	12.6
	5～<6岁	19.9	21.5	17.9	30.7	10.6	18.0	24.2	21.2	7.0	13.1	19.1
	6～<9岁	43.0	46.8	38.5	49.8	40.2	43.5	35.5	45.9	42.4	47.2	45.7
	9～<12岁	53.8	54.9	52.4	63.3	49.4	56.9	48.4	53.9	42.0	59.1	52.7
	12～<15岁	52.6	54.1	50.9	62.0	46.7	52.2	56.6	54.6	42.3	68.2	46.9
	15～<18岁	52.2	55.2	49.0	60.9	47.2	52.5	63.5	55.0	46.5	46.1	47.5
与平板电脑接触	1～<2岁	3.5	4.0	3.0	7.7	0.2	3.8	6.3	1.9	1.4	1.3	1.4
	2～<3岁	5.2	5.0	5.4	11.2	0.2	5.2	9.9	2.3	2.0	2.0	2.7
	3～<4岁	6.8	6.1	7.6	14.0	0.7	6.4	13.2	3.9	2.6	2.1	2.9
	4～<5岁	6.0	6.5	5.4	12.5	0.8	6.3	9.7	5.4	1.4	1.4	2.7
	5～<6岁	7.2	6.7	7.8	15.0	0.5	6.4	13.3	5.1	0.8	1.7	3.3
	6～<9岁	11.7	12.6	10.8	21.4	7.8	8.5	9.4	16.3	10.6	15.4	15.6
	9～<12岁	14.0	14.5	13.4	25.5	8.7	9.5	15.3	14.1	16.9	19.2	16.9
	12～<15岁	17.9	17.1	18.7	25.5	13.0	21.5	22.3	17.9	8.1	28.4	11.3
	15～<18岁	12.1	12.1	12.1	19.3	8.0	16.1	21.0	13.1	3.6	14.1	8.2

表 2-45　不同性别、城乡、地区和年龄儿童与电子设备接触的时间

单位：min/d

类别	年龄	合计	性别		城乡		地区					
			男	女	城市	农村	华北	华东	华南	西北	东北	西南
看电视	1～<2岁	44	44	45	42	47	42	40	49	40	59	48
	2～<3岁	66	67	66	61	71	67	59	77	65	83	61

类别	年龄	合计	性别		城乡		地区					
			男	女	城市	农村	华北	华东	华南	西北	东北	西南
看电视	3～<4岁	73	73	74	69	77	71	67	86	81	95	60
	4～<5岁	76	79	73	70	81	83	71	85	73	105	59
	5～<6岁	75	76	74	74	77	74	70	86	75	110	66
	6～<9岁	46	47	45	40	49	40	57	47	51	42	49
	9～<12岁	47	47	47	42	49	42	46	49	55	47	53
	12～<15岁	42	44	40	40	44	34	34	47	46	45	50
	15～<18岁	34	34	34	40	30	37	32	40	23	47	36
与手机接触	1～<2岁	15	15	14	15	15	17	15	14	13	15	11
	2～<3岁	19	18	19	19	17	18	19	19	18	17	18
	3～<4岁	19	20	19	20	17	18	21	19	16	22	19
	4～<5岁	19	19	19	19	18	17	18	19	15	25	21
	5～<6岁	18	18	17	18	16	19	17	17	14	17	20
	6～<9岁	15	15	15	14	15	15	12	14	16	11	18
	9～<12岁	20	19	20	21	19	16	14	21	21	18	29
	12～<15岁	33	34	32	34	32	30	25	35	29	38	39
	15～<18岁	42	44	41	51	37	51	37	57	30	50	38
与台式电脑接触	1～<2岁	15	16	15	15	15	20	13	15	17	13	15
	2～<3岁	20	21	20	20	22	25	17	21	20	16	22
	3～<4岁	20	19	22	21	19	19	20	22	24	24	21
	4～<5岁	22	22	21	23	19	21	23	21	18	23	21
	5～<6岁	22	22	21	22	20	21	19	21	19	22	28
	6～<9岁	17	18	16	14	18	16	19	18	18	12	18
	9～<12岁	21	22	20	21	21	19	19	23	25	18	27
	12～<15岁	25	28	22	26	25	23	20	29	17	28	30
	15～<18岁	30	33	25	36	25	34	33	38	14	37	27
与平板电脑接触	1～<2岁	16	15	19	16	22	24	14	7	15	16	25
	2～<3岁	21	18	24	20	35	23	19	26	21	26	20
	3～<4岁	22	23	22	22	31	27	21	20	20	20	28
	4～<5岁	23	24	22	23	18	20	25	23	14	21	24

类别	年龄	合计	性别		城乡		地区					
			男	女	城市	农村	华北	华东	华南	西北	东北	西南
与平板电脑接触	5～<6 岁	18	18	19	19	8	18	17	20	12	21	26
	6～<9 岁	14	12	15	14	13	13	12	14	15	15	15
	9～<12 岁	20	20	21	20	19	15	15	23	25	20	26
	12～<15 岁	22	23	21	22	22	21	21	26	23	25	19
	15～<18 岁	31	35	25	31	30	42	27	28	18	34	29

注：指具有电子设备接触行为儿童的电子设备接触时间。

四、综合分析

我国儿童环境健康风险相关的暴露行为受家庭经济水平和抚养人文化程度影响（表 2-46）。家庭经济水平、抚养人文化程度越高，儿童烹调油烟暴露时间和二手烟暴露时间越短，进食前洗手的人数比例越高。提高抚养人环境健康风险意识是预防或降低儿童环境健康风险的一项重要措施。

表 2-46 儿童环境健康风险相关暴露行为与家庭经济状况及抚养人文化程度的关系

分类		烹调油烟暴露时间/（min/d）	二手烟暴露时间/（min/d）	进食前洗手的人数比例/%
家庭年人均收入/万元	0～<0.5	11	6	72.5
	0.5～<1.0	10	7	76.2
	1.0～<1.5	9	6	77.9
	1.5～<2.0	8	6	81.0
	2.0～<2.5	8	5	84.4
	2.5～<3.0	9	5	81.8
	≥3.0	7	5	83.0
文化程度	小学以下	15	6	78.6
	小学毕业	15	6	77.2
	初中毕业	11	6	78.5
	高中/中专	9	5	84.9
	大专及以上	8	5	89.2

第三章 结论与建议

一、结论

（1）我国儿童环境暴露行为模式存在年龄、性别、城乡和地区差异，与我国成人及国外同年龄儿童也存在较大差异，在针对我国儿童开展环境健康风险评价时应优先选用我国儿童暴露参数数据，并根据实际需要科学、合理地使用暴露参数，以提高评价的准确性。

（2）我国儿童面临传统型和现代型环境健康风险的双重压力，加快解决农村儿童暴露使用固体燃料和未经基础卫生设施集中处理的饮/用水所带来的健康风险依然是促进可持续发展的一项重要任务。

（3）我国儿童与环境健康风险相关的暴露及防范行为和抚养人的文化程度密切相关，加强对儿童及其抚养人的环境与健康教育，有利于推动其采取并强化有利于维护儿童健康的良好生活方式。

二、局限性

受时间、经费和调查方式所限，本研究未对特殊人群（如流动人口）进行调查，纳入本研究的 6～17 岁儿童均为在校学生，未包括失学儿童和完成九年义务教育后未继续接受教育的儿童。根据《2014 年全国教育事业发展统计公报》（教育部，2015），2014 年，我国小学学龄儿童净入学率达到 99.81%，我国初中毕业生升学率 95.1%，不在校儿童所占比例较少。

本研究所调查结果仅代表调查时段内我国儿童的实际状况，由于儿童生长变化较快，随着物质生活条件的改善，其身体特征参数和行为模式也会相应发生变化，需要定期更新。

三、建议

（1）在环境健康风险评价中应优先使用我国儿童暴露参数。在污染场地评价等环境健康风险评估工作中，依据敏感人群及污染物的主要健康效应，有针对性地使用暴露参数，以提高评估结果的准确性，为研究制定更加科学的环境管理对策措施提供依据。

（2）根据儿童环境暴露行为模式特点采取有针对性的健康风险防范措施。针对现代型环境健康风险，加强对儿童日常生活环境的监测，将环境健康风险评价结果作为优化环境功能区划的重要依据。针对传统型环境健康风险，继续推进农村清洁能源发展，加强安全饮用水的保障。加强宣传教育力度，提高儿童及其抚养人的环境与健康素养。

（3）加强暴露评价相关的基础调查和科学研究。研究制定环境健康暴露调查和评价技术方法及标准，开发适用于我国人群的暴露评价模型，鼓励各地开展具有地区代表性的暴露评价基础数据调查。研究适用于我国人群的呼吸量、皮肤表面积等生理参数经验公式，进一步提升我国人群暴露参数推导结果的准确性。

参考文献

国家体育总局. 2010 年国民体质监测公报. http：//www.sport.gov.cn/n16/n1077/ n297454/ 2052709. html[2015-09-02]

环境保护部. 2011a. 重点行业环境健康风险手册[M]. 北京：中国环境科学出版社.

环境保护部. 2011b. 国家环境保护“十二五”环境与健康工作规划. http：//www. mep. gov. cn/gkmL/ hbb/qt/201403/t20140314_269210. html[2015-06-29].

环境保护部. 2013a. 中国人群环境暴露行为模式研究报告（成人卷）[M]. 北京：中国环境出版社.

环境保护部. 2013b. 中国人群暴露参数手册（成人卷）[M]. 北京：中国环境出版社.

教育部. 2014 年全国教育事业发展统计公报. http：//www.moe.edu.cn/srcsite/A03/s180/ moe_633/ 201508/t20150811_199589. html[2015-09-19]

刘湘云，陈荣华，赵正言. 2011. 儿童保健学，4 版[M]. 南京：江苏科学技术出版社.

Duan X L，Zhao X G，Wang B B，et al. 2013. Highlights of the Chinese Exposure Factors Handbook（Adults） [M]. Beijing：Science Press.

Jang J Y，Jo S N，Kim S，et al. 2007. Korean exposure factors handbook[S]. Ministry of Environment，Korea.

Klepeis N E，Nelson W C，Ott W R，et al. 2001. The National Human Activity Pattern Survey（NHAPS）：a resource for assessing exposure to environmental pollutants[J]. Journal of Exposure Analysis & Environmental Epidemiology，11（3）：231-252.

USEPA. 1989. Risk assessment guidance for superfund. Volume I human health evaluation manual（Part A） [S]. EPA/540/1-89/002. Washington DC.

USEPA. 1997. Exposure factors handbook[S]. EPA/600/P-95/002Fa. Washington DC.

USEPA. 2005. Guidance on selecting age groups for monitoring and assessing childhood exposures to environmental contaminants. EPA/630/P-03/003F. Washington DC.

USEPA. 2008. Child-specific exposure factors handbook[S]. EPA/600/R-06/096F. Washington DC.

USEPA. 2011. Exposure Factors Handbook Revised[S]. EPA/600/R-09/052A . Washington DC.

Zhang J F，Mauzerall D L，Zhu T，et al. 2010. Environmental health in China：challenges to achieving clean air and safe water[J]. Lancet，375（9720）：1110-1119.

附录 1

调查点位及样本分布

序号	省（区、市）	调查点位名称	样本量/人		
			合计	0～5 岁	6～17 岁
合计			75 490	34 051	41 439
1	北京市	小计	1 291	643	648
		东城区	1 291	643	648
2	天津市	小计	2 858	1 298	1 560
		北辰区	1 423	642	781
		静海县	1 435	656	779
3	河北省	小计	2 618	1 195	1 423
		衡水市武强县	1 348	629	719
		唐山市开平区	1 270	566	704
4	山西省	小计	2 723	1 221	1 502
		忻州市河曲县	1 305	571	734
		阳泉市平定县	1 418	650	768
5	内蒙古自治区	小计	1 389	620	769
		通辽市开鲁县	1 389	620	769
6	辽宁省	小计	2 788	1 252	1 536
		大连市沙河口区	1 395	629	766
		丹东市凤城市	1 393	623	770
7	吉林省	小计	1 396	622	774
		辽源市东丰县	1 396	622	774
8	黑龙江省	小计	2 816	1 275	1 541
		哈尔滨市南岗区	1 423	653	770
		齐齐哈尔市依安县	1 393	622	771

序号	省（区、市）	调查点位名称	样本量/人		
			合计	0～5 岁	6～17 岁
9	上海市	小计	2 838	1 269	1 569
		黄浦区	1 406	637	769
		青浦区	1 432	632	800
10	江苏省	小计	2 825	1 307	1 518
		南京市溧水县	1 403	654	749
		南通市海门市	1 422	653	769
11	浙江省	小计	2 804	1 263	1 541
		杭州市下城区	1 402	632	770
		丽水市松阳县	1 402	631	771
12	安徽省	小计	4 229	1 871	2 358
		安庆市大观区	1 431	636	795
		亳州市蒙城县	1 392	599	793
		合肥市巢湖市	1 406	636	770
13	福建省	小计	2 838	1 272	1 566
		福州市仓山区	1 449	664	785
		漳州市南靖县	1 389	608	781
14	江西省	小计	2 693	1 120	1 573
		赣州市龙南县	1 366	590	776
		上饶市万年县	1 327	530	797
15	山东省	小计	1 391	621	770
		烟台市蓬莱市	1 391	621	770
16	河南省	小计	4 234	1 903	2 331
		开封市开封县	1 388	594	794
		南阳市唐河县	1 404	634	770
		郑州市金水区	1 442	675	767
17	湖北省	小计	2 598	1 264	1 334
		襄阳市襄阳区	1 481	699	782
		宜昌市远安县	565	565	0
		湖北省长阳土家族自治县	552	0	552
18	湖南省	小计	2 607	1 196	1 411
		长沙市芙蓉区	1 233	592	641
		怀化市芷江侗族自治县	1 374	604	770
19	广东省	小计	2 847	1 325	1 522
		韶关市南雄市	1 491	720	771
		深圳市罗湖区	1 356	605	751

序号	省（区、市）	调查点位名称	样本量/人		
			合计	0～5 岁	6～17 岁
20	广西壮族自治区	小计	3 913	1 661	2 252
		百色市靖西县	1 327	577	750
		北海市合浦县	1 197	472	725
		桂林市象山区	1 389	612	777
21	海南省	小计	1 445	618	827
		海口市琼山区	1 445	618	827
22	重庆市	小计	2 802	1 259	1 543
		南岸区	1 401	631	770
		奉节县	1 401	628	773
23	四川省	小计	2 668	1 193	1 475
		南充市南部县	1 265	560	705
		自贡市贡井区	1 402	633	769
24	贵州省	小计	2 571	1 090	1 481
		黔东南苗族侗族自治州凯里市	1 326	558	768
		黔东南苗族侗族自治州三穗县	1 245	532	713
25	云南省	小计	2 785	1 232	1 553
		昆明市盘龙区	615	615	0
		文山壮族苗族自治州	617	617	0
		红河哈尼族彝族自治州开远市	771	0	771
		西双版纳傣族自治州景洪市	782	0	782
26	陕西省	小计	2 842	1 306	1 536
		安康市汉阴县	1 417	651	766
		宝鸡市眉县	1 425	655	770
27	甘肃省	小计	2 675	1 295	1 380
		兰州市城关区	1 356	638	718
		临夏回族自治州康乐县	1 319	657	662
28	青海省	小计	1 217	589	628
		海南藏族自治贵德县	1 217	589	628
29	宁夏回族自治区	小计	1 402	638	764
		中卫市沙坡头区	1 402	638	764
30	新疆维吾尔自治区	小计	1 387	633	754
		克孜勒苏柯尔克孜自治州阿克陶县	1 387	633	754

附录 2
调查问卷

中国儿童环境暴露行为模式调查

说明：对于 9 岁以下儿童，问卷内容由儿童抚养人回答；对于 9 岁及以上儿童，问卷内容由儿童本人回答。

姓名：________________	儿童代码：□□
性别：1. 男；2. 女	性别代码：□
出生日期：_____年 _____ 月____日 （请填写公历日期）	出生日期代码：□□□□□□□□
监测点名称（县/区）：	监测点代码：□□□□□□
联系电话：__________________	联系电话：□□□□□□□□□□□□
身份证号码：□□□□□□□□□□□□□□□□□□□□	
身长/高：□□□.□□cm	体重：□□□.□□kg
调查员签名：____________________ 日期：□□□□年□□月□□日	监测点质控员签名：____________________ 日期：□□□□年□□月□□日
	省级督导员签名：____________________ 日期：□□□□年□□月□□日

<table>
<tr><td rowspan="3">1</td><td rowspan="3">孩子父母的基本情况？</td><td>与孩子的关系</td><td>年龄（周岁）</td><td>民族：①汉族②蒙古族③藏族④维吾尔族⑤苗族⑥彝族⑦回族⑧壮族⑨布依族⑩朝鲜族⑪满族⑫侗族⑬瑶族⑭白族⑮土家族⑯哈尼族⑰哈萨克族⑱傣族⑲黎族⑳其他</td><td>文化程度：①小学以下②小学③初中④高中或中专⑤大专⑥大学及以上</td><td>职业：①待业②离退休人员③家庭主妇/夫④国家机关、党群组织、企事业单位负责人⑤专业技术人员⑥办事人员和有关人员⑦商业、服务业人员⑧农林牧渔水利业⑨生产人员⑩生产运输设备操作人员及有关人员⑪军人⑫其他</td></tr>
<tr><td>父亲</td><td>□□</td><td>□</td><td>□</td><td>□</td></tr>
<tr><td>母亲</td><td>□□</td><td>□</td><td>□</td><td>□</td></tr>
<tr><td>2</td><td>通常情况下，照顾孩子日常生活起居的是？</td><td colspan="5">1 父母
2 祖父母或者外祖父母
3 保姆
4 其他（请注明）</td></tr>
<tr><td rowspan="2">3</td><td>2012 年孩子家庭年人均收入？</td><td colspan="5">1 5 000 元以下
2 5 000～9 999 元
3 10 000～14 999 元
4 15 000～19 999 元
5 20 000～24 999 元
6 25 000～29 999 元
7 30 000 元以上
8 不清楚
9 拒绝回答</td></tr>
<tr><td colspan="6">家庭年人均收入=家庭总收入/家庭人口数
城镇居民：全家有经济收入所有成员的收入总和，包括工资、其他现金、实物和各种代金券、卡等，以及他人赠与的现金、实物、券、卡等。
农村居民：指农村常住居民家庭总收入中，扣除从事生产和非生产经营费用支出、缴纳税款和上交承包集体任务金额以后剩余的、可直接用于进行生产性、非生产性建设投资、生活消费和积蓄的那部分收入。</td></tr>
</table>

<table>
<tr><td rowspan="2">4</td><td>儿童日常饮水（喝水、冲调奶粉等）的主要来源是什么？</td><td colspan="2">1 自来水：指集中供水，经过自来水厂集中消毒并由管道形式引入住户家中的水
2 其他集中供水：管网型式集中供水，但未经自来水厂集中消毒
3 购买的桶装水或瓶装水
4 直接取用井水
5 直接取用地表水
6 直接取用泉水
7 直接取用窖水
8 直接取用雨雪或冰雪水
9 其他，请注明________________</td></tr>
<tr><td colspan="3">如果上述无相关选项，请在方框中填写“9”，并在选项“9”后面的横线上用文字注明</td></tr>
<tr><td rowspan="2">5</td><td>儿童日常用水（洗手、洗脸、洗澡等）的主要来源是什么？</td><td colspan="2">1 自来水：指集中供水，经过自来水厂集中消毒并由管道形式引入住户家中的水（包括住户自己采用净水装置）
2 其他集中供水：管网型式集中供水，但未经自来水厂集中消毒
3 直接取用井水
4 直接取用地表水
5 直接取用泉水
6 直接取用窖水
7 直接取用雨雪或冰雪水
8 其他，请注明________________</td></tr>
<tr><td colspan="3">如果上述无相关选项，请在方框中填写“8”，并在选项“8”后面的横线上用文字注明</td></tr>
<tr><td rowspan="6">6</td><td colspan="3">近一年来，儿童每天喝水（指白水，不包括冲调水和饮料）情况</td></tr>
<tr><td colspan="2">季节</td><td>标准杯/天</td></tr>
<tr><td colspan="2">夏季</td><td>□□.□□</td></tr>
<tr><td colspan="2">春季或秋季</td><td>□□.□□</td></tr>
<tr><td colspan="2">冬季</td><td>□□.□□</td></tr>
<tr><td colspan="3">请调查员出示标准杯，0～5 岁儿童为 250 mL 标准杯，6～17 岁儿童为 300mL 标准杯，询问按照标准杯来估算的话，儿童每天喝多少标准杯白水</td></tr>
</table>

<table>
<tr><td rowspan="5">7</td><td rowspan="4">近一年来，儿童喝其他形式的水的情况？</td><td rowspan="2">项目</td><td rowspan="2">是否喝？
①否（回答下一种）②是</td><td colspan="3">喝的频次（三选一）</td><td rowspan="2">每次喝多少？</td></tr>
<tr><td>次/天</td><td>次/周</td><td>次/月</td></tr>
<tr><td>冲调水</td><td>□</td><td>□</td><td>□</td><td>□</td><td>□□.□□标准</td></tr>
<tr><td>粥和汤（两者总和）</td><td>□</td><td>□</td><td>□</td><td>□</td><td>□□.□□标准碗</td></tr>
<tr><td colspan="7">冲调水仅指冲调配方奶、钙片等形式的冲调水，不包括白水，也不包括购买的牛奶、酸奶以及各种商品性质的饮料；
粥和汤：是指粥和汤二者中水的总和；
“喝的频次”处有三个选择，只选择一种进行填写；
在调查过程中，同时出示标准杯（0～5 岁儿童为 250 mL，6～17 岁儿童为 300 mL）和标准碗（0～5 岁儿童为 250 mL，6～17 岁儿童为 300 mL），并协助调查对象分别根据标准杯和标准碗来测算孩子日常喝水情况</td></tr>
<tr><td rowspan="5">8</td><td rowspan="4">近一年来，儿童不同季节平均每月洗澡情况？</td><td>季节</td><td colspan="2">每月次数（次/月）</td><td colspan="3">每次时间（分钟/次）</td></tr>
<tr><td>夏季</td><td colspan="2">□□</td><td colspan="3">□□□</td></tr>
<tr><td>春季或秋季</td><td colspan="2">□□</td><td colspan="3">□□□</td></tr>
<tr><td>冬季</td><td colspan="2">□□</td><td colspan="3">□□□</td></tr>
<tr><td colspan="7">若儿童不满一周岁，那么就填写从孩子出生至现在所经历的几个季节的情况</td></tr>
<tr><td rowspan="2">9</td><td>儿童日常洗澡的主要场所？</td><td colspan="6">1 家里
2 公共浴室
3 地表水（江水、河水、湖水、水库或池塘水）
4 其他，请注明________________</td></tr>
<tr><td colspan="7">此题为单选，当儿童洗澡场所多于一种时，请选择主要的洗澡场所</td></tr>
<tr><td>10</td><td>儿童是否游泳？</td><td colspan="6">1 否（跳至问题 13）
2 是</td></tr>
</table>

<table>
<tr><td rowspan="2">11</td><td>儿童日常游泳的主要场所？</td><td>1 家里
2 儿童专门的游泳馆
3 普通游泳馆
4 地表水（江水、河水、湖水、海水、水库水或池塘水）
5 其他，请注明________________</td></tr>
<tr><td colspan="2">当儿童的游泳场所多于一种时，请选择主要的游泳场所。如果答案中没有相关选项，请选择“5”，并在后面横线上用文字注明</td></tr>
<tr><td rowspan="2">12</td><td>近一年来，儿童不同季节平均每月游泳情况？</td><td><table><tr><th>季节</th><th>每月次数（次/月）</th><th>每次时间（分钟/次）</th></tr><tr><td>夏季</td><td>□□</td><td>□□□</td></tr><tr><td>春季或秋季</td><td>□□</td><td>□□□</td></tr><tr><td>冬季</td><td>□□</td><td>□□□</td></tr></table></td></tr>
<tr><td colspan="2">游泳时间指在游泳过程中与水实际接触的时间，不包括脱、穿衣服的时间。大于 1 个小时要折算成为分钟数。如 1 个小时 30 分钟，则填写 90 分钟。请靠右格填写，不足三位则填写最后两位
请调查员逐一询问每个季节的情况，建议可以从当前的季节开始询问，然后询问其他季节与当前是否有所不同。每个季节都需要填写。如果孩子不满一周岁，则填写从孩子出生至现在所经历的几个季节的洗澡情况</td></tr>
<tr><td rowspan="3">13</td><td colspan="2">近一年来，儿童平均每天在户外（指户外露天场所）活动情况？</td></tr>
<tr><td colspan="2"><table><tr><th>季节</th><th>分钟/天</th></tr><tr><td>夏季</td><td>□□.□□</td></tr><tr><td>春季或秋季</td><td>□□.□□</td></tr><tr><td>冬季</td><td>□□.□□</td></tr></table></td></tr>
<tr><td colspan="2">户外，即露天场所，包括平房家庭中在自己家露天的院子活动等
只要是在户外场所停留就算，不论儿童在户外处于睡眠状态还是从事各种活动</td></tr>
<tr><td>14</td><td>儿童是否已经进入学校？</td><td>1 否（跳至问题 16）
2 幼儿园
3 小学
4 中学
5 其他，请注明________________</td></tr>
</table>

<table>
<tr><td rowspan="9">15</td><td rowspan="8">儿童平均每天上、下学及其他有规律的外出活动中，使用各种交通方式的累积时间？</td><td>方式</td><td>是否使用？
1. 否（跳转到下一种）；
2. 是</td><td>累计时间
（分钟/天）</td></tr>
<tr><td>1 步行</td><td>□</td><td>□□□</td></tr>
<tr><td>2 自行车和/或电动车</td><td>□</td><td>□□□</td></tr>
<tr><td>3 摩托车</td><td>□</td><td>□□□</td></tr>
<tr><td>4 小轿车</td><td>□</td><td>□□□</td></tr>
<tr><td>5 公交车</td><td>□</td><td>□□□</td></tr>
<tr><td>6 地铁/火车</td><td>□</td><td>□□□</td></tr>
<tr><td>7 其他，请注明________</td><td>□</td><td>□□□</td></tr>
<tr><td colspan="4">逐次填写各种交通方式的累计使用时间</td></tr>
<tr><td rowspan="2">16</td><td>儿童在户外经常活动/玩耍的场所的地面类型？</td><td colspan="3">1 土地
2 草地
3 沙石
4 塑胶
5 矿/煤渣
6 砖块
7 瓷砖
8 水泥
9 其他，请注明 ________________________________</td></tr>
<tr><td colspan="4">请选择儿童在最常活动或玩耍的场所。土地指具有裸露土壤的地；草地指具有草或农作物生长的地方，包括庄稼地；矿/煤渣指堆放废弃的矿渣或煤渣等的场所</td></tr>
<tr><td rowspan="2">17</td><td colspan="4">近一周来，在户外，儿童每天与土或尘接触（包括坐在地上/在地上爬/玩土等）□□分钟/天？</td></tr>
<tr><td colspan="4">地点限定为室外露天场所。与土壤接触指儿童直接与土壤接触的行为，如玩土，或者是坐在地上玩、在地上爬等</td></tr>
<tr><td rowspan="2">18</td><td>儿童每次吃饭或进食之前是否洗手？</td><td colspan="3">1 总是
2 经常
3 偶尔
4 很少
5 从不</td></tr>
<tr><td colspan="4">总是：如10天有9天都在饭前洗手，只有1天做不到
经常：如10天有6天到8天能够饭前洗手，有2到4天做不到
偶尔：如10天有3天到5天能够饭前洗手，有5到7天做不到
很少：如10天有1天到2天能够饭前洗手，有8到9天做不到
从不：如10天之内没有一天能够做到饭前洗手</td></tr>
</table>

<table>
<tr><td rowspan="6">19</td><td colspan="4">近一周来，儿童是否有啃咬或吸吮东西的情况？</td></tr>
<tr><td rowspan="2">活动类型</td><td rowspan="2">频率（次/天）</td><td colspan="2">每次持续时间（两选一）</td></tr>
<tr><td>分钟/次</td><td>秒/次</td></tr>
<tr><td>1 啃咬或吸吮手掌、手指或指甲</td><td>□□</td><td>□□□</td><td>□□</td></tr>
<tr><td>2 啃咬或吸吮物品（如玩具、餐具、衣服等）</td><td>□□</td><td>□□□</td><td>□□</td></tr>
<tr><td colspan="4">1 主要指儿童用嘴去啃咬或吸吮自己的手、手指、指甲等的情况；
2 主要指儿童啃咬或吸吮物品（如玩具、餐具、衣服等任何物品）的情况；
逐一询问儿童在各种活动类型下的频率和每次持续时间。首先询问家长儿童是否有这种活动及其频率，并请继续询问每次大致持续的时间。若从来没有该行为，则请在“频率（次/天）”一栏相应处填写“0 次/天”。在每次持续时间处，“分钟/次”和“秒/次”两者只选择其中一项来进行回答，每次时间不足 1 分钟的按照“秒/次”为单位填写</td></tr>
<tr><td>20</td><td>儿童日常生活和居住的地方是否有厨房？</td><td colspan="3">1　没有厨房（跳转至 23）
2　有厨房，但不独立（和起居室连在一起）
3　有独立的厨房</td></tr>
<tr><td>21</td><td>该厨房做饭主要使用的燃料是什么？</td><td colspan="3">1　气体，包括煤气、液化气、天然气或沼气
2　煤（包括块煤或蜂窝煤等）
3　生物质燃料：包括木柴、秸秆、茅草、树叶、松毛等。动物粪便
4　电
5　太阳能
6　其他，请注明________________</td></tr>
<tr><td rowspan="2">22</td><td colspan="4">在厨房做饭的情况下（厨房炉灶处于运转状态），儿童每天在厨房呆□□□分钟/天</td></tr>
<tr><td colspan="4">厨房做饭：指厨房的炉灶处于开火或运转状态的情况</td></tr>
<tr><td rowspan="2">23</td><td colspan="4">近一周来，儿童平均每天被动吸烟的累计时间□□□分钟</td></tr>
<tr><td colspan="4">被动吸烟指孩子吸入别人呼出的烟雾。例如室内，有人当着孩子的面吸烟；或者在户外，您看到孩子周围有人吸烟</td></tr>
<tr><td rowspan="9">24</td><td rowspan="8">儿童在经常活动/玩耍的场所周边 1 km 范围内有什么类型的工厂？1. 否；2. 是；9. 不清楚</td><td colspan="2">石油、石化、炼焦、焦化类企业</td><td>□</td></tr>
<tr><td colspan="2">有色金属冶炼或再生类企业</td><td>□</td></tr>
<tr><td colspan="2">有机酸碱、肥料、农药制造类企业</td><td>□</td></tr>
<tr><td colspan="2">皮革、毛皮、羽毛及其制品和制鞋类企业</td><td>□</td></tr>
<tr><td colspan="2">造纸或印染类企业</td><td>□</td></tr>
<tr><td colspan="2">垃圾焚烧厂</td><td>□</td></tr>
<tr><td colspan="2">火力发电厂</td><td>□</td></tr>
<tr><td colspan="2">其他，请注明________________</td><td>□</td></tr>
<tr><td colspan="4">工厂：以儿童经常居住或活动的场所为圆心的 1 km 直径范围内，正在生产的工厂企业，可多选。若“不清楚”填“9”</td></tr>
</table>

<table>
<tr><td rowspan="6">25</td><td rowspan="5">儿童经常活动/玩耍的场所周边 50 m 范围内公路的类型？
1. 否；2. 是；9. 不清楚</td><td>高速公路</td><td>☐</td></tr>
<tr><td>国道</td><td>☐</td></tr>
<tr><td>省道</td><td>☐</td></tr>
<tr><td>县道</td><td>☐</td></tr>
<tr><td>农村公路</td><td>☐</td></tr>
<tr><td colspan="3">①高速公路指专供汽车分道高速行驶，并全部控制出入的公路。一般情况路面有 4 个以上车道的宽度。②国道指具有全国性政治、经济意义的主要干线公路，包括重要的国际公路，国防公路，连接首都与各省、自治区、直辖市首府的公路，连接各大经济中心、港站枢纽、商品生产基地和战略要地的公路。③省道指具有省级政治、经济意义，并由省级公路主管部门负责修建、养护和管理的的公路干线，如省内城市与城市之间连接的道路，不包括高速公路；以及直辖市的主干道，如北京的环路等。④县道是指具有全县或县级市政治、经济意义的道路，包括城市的主干道，连接县城和县内主要乡（镇）的道路，主要商品生产和集散地的公路，以及不属于国道、省道的县际间公路。⑤农村公路指主要为乡/镇村经济、文化、行政服务的公路，以及不属于县道以上公路的乡与乡之间及乡与外部联络的公路</td></tr>
</table>

<table>
<tr><td rowspan="9">26</td><td colspan="6">近一个月内，孩子玩电子产品的情况？</td></tr>
<tr><td rowspan="2">项目</td><td rowspan="2">是否看/玩？
1. 否（回答下一种）；
2. 是</td><td colspan="3">看/玩的频次
（仅填写三列中的一列）</td><td rowspan="2">每次观看/玩的时间（分钟/次）</td></tr>
<tr><td>次/天</td><td>次/周</td><td>次/月</td></tr>
<tr><td>看电视</td><td>☐</td><td>☐</td><td>☐</td><td>☐</td><td>☐</td></tr>
<tr><td>看/玩手机</td><td>☐</td><td>☐</td><td>☐</td><td>☐</td><td>☐</td></tr>
<tr><td>看/玩台式电脑</td><td>☐</td><td>☐</td><td>☐</td><td>☐</td><td>☐</td></tr>
<tr><td>看/玩平板电脑</td><td>☐</td><td>☐</td><td>☐</td><td>☐</td><td>☐</td></tr>
<tr><td colspan="6">请逐项填写。首先询问孩子是否看/玩该种电子产品，如果不看，选择“1. 否”，询问是否看/玩下一种单子产品，如果看/玩，请选择“2. 是”，继续询问其看/玩该种电子产品的频次和时间，看/玩的频次仅填写三列中的一列，当看/玩的频次不足 1 次/天，填写次/周，如果不足 1 次/周，则填写次/月。如果有其他，请在其他后面的横线上注明</td></tr>
</table>

<table>
<tr><td rowspan="11">27</td><td colspan="5">近 1 个月，儿童的吃饭情况？</td></tr>
<tr><td rowspan="2">食物名称</td><td rowspan="2">是否吃？
1. 否（跳转下一种）；
2. 是</td><td colspan="2">进食次数（仅填写二列中的一列）</td><td rowspan="2">平均每次食用量/g</td></tr>
<tr><td>次/天</td><td>次/周</td></tr>
<tr><td>主食类
米面及制品（米饭/粥/馒头/面条等）</td><td>□</td><td>□</td><td>□</td><td>□□□□</td></tr>
<tr><td>豆类及制品
黄豆/绿豆/豆腐/豆浆/豆皮/腐竹/豆腐干等</td><td>□</td><td>□</td><td>□</td><td>□□□□</td></tr>
<tr><td>蔬菜类
（萝卜/南瓜/西红柿/青椒/西兰花/菠菜/茼蒿/圆白菜/藕/菜花/西葫芦/黄瓜/茄子等）</td><td>□</td><td>□</td><td>□</td><td>□□□□</td></tr>
<tr><td>水果类
苹果/梨/桃/葡萄/香蕉/橘/芒果/木瓜等</td><td>□</td><td>□</td><td>□</td><td>□□□□</td></tr>
<tr><td>乳类及制品
奶粉（按 1∶6 折算成鲜奶重）/牛奶、羊奶等鲜奶/酸奶/奶酪（按 1∶10 折算成酸奶重）</td><td>□</td><td>□</td><td>□</td><td>□□□□</td></tr>
<tr><td>肉类
猪/牛/羊/鸡/鸭/鹅等鲜肉，香肠/午餐肉等肉制品，肝、肾等内脏，动物血及制品</td><td>□</td><td>□</td><td>□</td><td>□□□□</td></tr>
<tr><td>水产品
鲫鱼/草鱼/鲢鱼等淡水鱼，带鱼/黄花鱼/平鱼/三文鱼等海鱼，虾/海米等虾贝壳类</td><td>□</td><td>□</td><td>□</td><td>□□□□</td></tr>
<tr><td>蛋类
鸡蛋/鸭蛋/鹌鹑蛋等鲜蛋，咸蛋/松花蛋</td><td>□</td><td>□</td><td>□</td><td>□□□□</td></tr>
<tr><td></td><td colspan="5">注：2～5 岁儿童的主食、蔬菜、豆类、肉类、水产类和蛋类：2～5 岁按生重计量，6～17 岁按熟重计量
水果摄入量按照可食用部分生重计量
乳类摄入量按照鲜奶或酸奶重计量</td></tr>
</table>

附录 3

名词术语

序号	术语	定义
1	暴露参数	指描述人体暴露于环境介质的特征和行为的基本参数，包括摄入量、时间活动模式参数、身体特征等
2	暴露防范	指人群对具有潜在健康风险的暴露采取的阻断行为
3	传统型污染	指由经济发展水平和不良基础设施所致的污染，包括室内直接使用固体燃料做饭或取暖，直接取用地表水或地下水作为饮用水，直接接触土地、草地、沙石和煤渣等裸露土壤等
4	二手烟	指被迫吸入吸烟者呼出的烟雾及其点燃的烟头释放的烟草烟雾的混合物。例如在室内，和吸烟者同处一屋；在户外，周围有人吸烟
5	固体燃料相关的暴露特征	指暴露于室内取暖或做饭等使用的煤和生物质燃料（柴草、炭、木头、动物粪便）
6	环境暴露行为模式	指人与环境介质或风险因素接触的方式和特征，包括与环境介质相关的暴露行为、与污染源相关的暴露行为和与环境健康风险相关的暴露防范行为
7	手口接触	指儿童舔、吸吮、咀嚼、咬手指的行为
8	土壤/尘摄入量	指儿童每天摄入土壤/尘的质量
9	物口接触	指儿童舔、吸吮、咀嚼、咬物品，如玩具、笔等的行为
10	现代型污染	指工业化、城镇化发展过程中带来的污染，包括工业企业污染、交通污染等
11	饮水量	为直接饮水量和间接饮水量之和。其中，直接饮水量指对白水的饮用量，间接饮水量指饮用以冲调配方奶、钙片等形式的冲调水，以及粥和汤中水的饮用量
12	综合暴露系数	为单位体重的介质摄入量与介质暴露几率的乘积，反映人与某环境介质综合暴露行为模式特征的系数。按暴露介质类别，可分为室外空气综合暴露系数、室内空气综合暴露系数、饮水综合暴露系数、水经皮肤综合暴露系数、饮食综合暴露系数和土壤综合暴露系数

注：术语按照首字拼音排序。

附录 4

大事记

序号	日期	重大事件
1	2012 年 12 月 14 日	环境保护部科技标准司在北京召开专家论证会议，中国儿童环境暴露行为模式研究实施方案通过论证
2	2013 年 6—7 月	中国环境科学研究院和中国疾病预防控制中心营养与食品安全所分别针对 0～5 岁和 6～17 岁儿童开展了“中国儿童环境暴露行为模式研究”预调查
3	2013 年 8—9 月	中国环境科学研究院和中国疾病预防控制中心营养与食品安全所分别在北京市和广西省南宁市召开技术培训会议，对 30 个省、55 个调查点的 300 余名现场调查员进行了培训
4	2013 年 10 月—2014 年 3 月	现场调查及督导工作全面展开
5	2014 年 4 月	中国环境科学研究院和中国疾病预防控制中心营养与食品安全所在北京市召开数据录入培训班，对 30 个省、55 个调查点的数据录入人员进行了培训
6	2014 年 10 月	各调查点完成中国儿童环境暴露行为模式研究数据录入及上报工作
7	2014 年 10 月	项目组参加在美国辛辛那提州举办的国际暴露科学学会 2014 年年会，在暴露参数分会场作了题为“中国儿童环境暴露行为模式调查概况”的主题报告
8	2014 年 10 月 28 日	环境保护部科技标准司在北京组织召开了环境健康暴露评价研讨会
9	2015 年 11 月	中国环境科学研究院基于调查数据分析，完成了《中国人群环境暴露行为模式研究报告（儿童卷）》《中国人群暴露参数手册（儿童卷：0～5 岁）》和《中国人群暴露参数手册（儿童卷：6～17 岁）》的征求意见稿。环境保护部科技标准司以环科便函[2015]28 号的形式，征求了 26 家有关科研单位的意见与建议
10	2016 年 4 月	中国环境科学研究院根据各单位反馈意见进行修改，形成了《中国人群环境暴露行为模式研究报告（儿童卷）》《中国人群暴露参数手册（儿童卷：0～5 岁）》和《中国人群暴露参数手册（儿童卷：6～17 岁）》报批稿